SONY α7RⅢ微单摄影圣经

雷波 编著

化学工业出版社

·北京·

本书是一本专为SONY α7RⅢ微单相机用户定制的摄影技巧大全和速查手册，内容涵盖了使用该相机进行拍摄全流程所需掌握的各种摄影知识和技巧，包括SONY α7RⅢ相机功能、菜单设置详解、镜头和附件的选择与使用、拍出佳片必须掌握的摄影知识、各类常见题材实拍技法等。

本书具有独具特色的高手点拨模块，内容包括数位资深摄影师总结出来的SONY α7RⅢ相机的使用经验和技巧，以及摄影爱好者初上手使用SONY α7RⅢ相机时可能遇到的各种问题、出现的原因和解决办法，以便帮助读者少走弯路或避免遇到这些问题时求助无门的烦恼。

通过阅读本书，相信各位摄友一定能够玩转手中的SONY α7RⅢ相机并迅速提高摄影水平，拍摄出精彩、漂亮的大片。

图书在版编目(CIP)数据

SONY α7RⅢ微单摄影圣经/雷波编著.
北京：化学工业出版社，2018.3(2024.4重印)
ISBN 978-7-122-31527-4

Ⅰ.①S… Ⅱ.①雷…Ⅲ. ①数字照相机—单镜头反光照相机—摄影技术 Ⅳ.①TB86②J41

中国版本图书馆CIP数据核字(2018) 第028007号

责任编辑：孙　炜　王思慧 　　　　　　　　　　装帧设计：王晓宇
责任校对：王素芹

出版发行：化学工业出版社（北京市东城区青年湖南街13号 邮政编码100011）
印　　装：涿州市般润文化传播有限公司
787mm×1092mm 1/16　印张16　字数400千字　2024年4月北京第1版第8次印刷

购书咨询：010-64518888　　　　　　　　售后服务：010-64518899
网　　址：http://www.cip.com.cn
凡购买本书，如有缺损质量问题，本社销售中心负责调换。

定　　价：99.00元 　　　　　　　　　　　　　　　版权所有　违者必究

前 言

　　本书是一本能够帮助读者全面、深入、细致地了解和掌握SONY α7RⅢ各项功能、菜单设置、镜头和附件选择与使用、拍摄佳片必须掌握的摄影知识、各类题材实拍技法等方面内容的实用型图书，是一本摄影新手与高手都值得拥有的SONY α7RⅢ摄影大全及速查手册。

　　▶ 首先，本书对SONY α7RⅢ绝大部分菜单及功能设置方法进行了详细讲解，包括SONY α7RⅢ微单的基本设定和操作方法、白平衡、常用测光和曝光模式、曝光参数设定及曝光技法、感光度设定、对焦设定等，以帮助读者掌握该相机的各项功能及实拍设置方法。

　　▶ 其次，结合SONY α7RⅢ相机的特点，本书对使用该相机拍出好照片所需掌握的摄影知识，特别是突破拍摄瓶颈所需攻克的技术难点进行了深入剖析，如阶段曝光、18%中性灰测光原理、曝光锁定、必须掌握的完美构图法则、二次构图技巧等，使摄友能够在摄影理论和技术上得到明显提高。

　　▶ 第三，本书对SONY α7RⅢ微单相机的自动对焦系统进行了深入剖析，披露了摄影高手常用的对焦操作技巧。通过阅读这些内容，相信各位读者一定能够以更灵活的方法操控SONY α7RⅢ微单相机的自动对焦系统。

　　▶ 第四，本书讲解了丰富的镜头和附件知识，包括能够与该相机配套使用的各类镜头详细点评、常用滤镜的使用技巧、外置闪光灯使用要点，这些知识无疑能够帮助读者充分发挥SONY α7RⅢ微单相机的潜能，使自己成为真正的玩家。

　　▶ 第五，本书详细讲解了各类摄影题材的实战技法，如时尚美女、可爱儿童、宠物、山峦、树木、河流与湖泊、海洋、冰雪、雾景、城市风光、城市夜景、花卉等，基本上涵盖了初、中级摄影爱好者可能拍摄到的各类题材，相信掌握这些题材的拍摄技法后，各位读者很快就能够成为一个摄影高手。

　　本书在讲解各部分内容时，还加入了高手点拨与Q&A模块，精选了数位资深摄影师总结出来的SONY α7RⅢ的使用经验和技巧，以及摄影爱好者初上手使用SONY α7RⅢ时可能遇到的各种问题、出现的原因和解决办法，以便帮助读者少走弯路或避免遇到这些问题时求助无门的烦恼。

　　为了方便及时与笔者交流与沟通，欢迎读者朋友加入光线摄影交流QQ群（群12：327220740）。此外，关注我们的微博http://weibo.com/leibobook 或微信公众号FUNPHOTO，每日接收全新、实用的摄影技巧。也可以拨打电话13011886577与我们沟通交流。

编 者

2018年1月

目 录

Chapter

03 掌握与照片相关的操作与设置

Chapter

04 灵活使用照相模式快速拍出好照片

Chapter

05 掌握曝光参数设定及曝光技法

Chapter
06 掌握白平衡、色彩空间设定

Chapter
07 掌握常用测光和拍摄模式

Chapter 08 掌握对焦设定

Chapter 09 利用 SONY α7RⅢ 拍出个性化照片与视频

焦距：90mm 光圈：F7.1 快门速度：1/200s 感光度：ISO100

Chapter **01**

掌握 SONY α7RⅢ机身结构

SONY α7RⅢ相机正面结构

前转盘
通过转动前转盘,可以立即改变各照相模式所需的设置,当按下 Fn 按钮进行功能操作时,可以转动前转盘更改所选择项目的设置

AF 辅助照明发光灯 / 自拍指示灯
当拍摄场景的光线较暗时,此灯会亮起以辅助对焦;当选择"自拍定时"功能时,此灯会连续闪光进行提示

快门按钮
半按快门可以开启相机的自动对焦系统,完全按下时即可完成拍摄。当相机处于省电状态时,轻按快门可以恢复工作状态

遥控传感器
用于接收遥控器信号,因此在使用遥控模式拍摄时,不要遮挡此传感器

镜头释放按钮
用于拆卸镜头,按下此按钮并旋转镜头的镜筒,可以将镜头从机身上取下来

镜头安装标志
将镜头上的白色标志与机身上的白色标志对齐,旋转镜头,即可完成安装

SONY α7RⅢ相机顶部结构

模式旋钮锁释放按钮
只需按住转盘中央的模式旋钮锁释放按钮，转动模式旋钮即可选择照相模式

C2（自定义 2）按钮
此按钮为自定义功能 2 按钮，利用"自定义键"菜单中的选项可以为其分配功能

模式旋钮
用于选择照相模式，包括自动模式、动态影像模式、慢和快动作模式、P、A、S、M 及自定义 1、2、3 模式。使用时需要在按住模式旋钮锁释放按钮的同时旋转模式旋钮，使相应的模式图标对准左侧的小白点即可

电源开关
用于开启或关闭相机

C1（自定义 1）按钮
此按钮为自定义功能 1 按钮，利用"自定义键"菜单中的选项可以为其分配功能

扬声器
用于播放视频中的声音

多接口热靴
用于安装闪光灯，安装后热靴上的触点正好与外接闪光灯上的触点相合。此热靴还可以外接无线闪光灯和安装用于附件插座的附件

曝光补偿旋钮
转动曝光补偿旋钮选择所需的曝光补偿值即可，选择＋数值时，照片整体变亮，选择－数值时，照片整体变暗

屈光度调节旋钮
对于视力不好又不想戴眼镜拍摄时，可以通过调整屈光度，在取景器中看到清晰的照片

SONY α7RⅢ相机背面结构

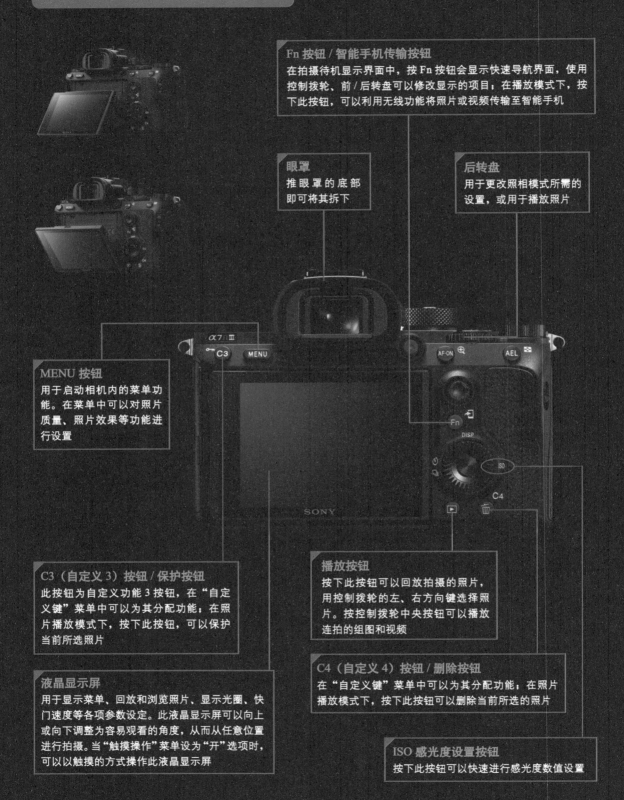

Fn 按钮 / 智能手机传输按钮
在拍摄待机显示界面中，按 Fn 按钮会显示快速导航界面，使用控制拨轮、前 / 后转盘可以修改显示的项目；在播放模式下，按下此按钮，可以利用无线功能将照片或视频传输至智能手机

眼罩
推眼罩的底部即可将其拆下

后转盘
用于更改照相模式所需的设置，或用于播放照片

MENU 按钮
用于启动相机内的菜单功能。在菜单中可以对照片质量、照片效果等功能进行设置

C3（自定义 3）按钮 / 保护按钮
此按钮为自定义功能 3 按钮，在"自定义键"菜单中可以为其分配功能；在照片播放模式下，按下此按钮，可以保护当前所选照片

播放按钮
按下此按钮可以回放拍摄的照片，用控制拨轮的左、右方向键选择照片。按控制拨轮中央按钮可以播放连拍的组图和视频

C4（自定义 4）按钮 / 删除按钮
在"自定义键"菜单中可以为其分配功能；在照片播放模式下，按下此按钮可以删除当前所选的照片

液晶显示屏
用于显示菜单、回放和浏览照片、显示光圈、快门速度等各项参数设定。此液晶显示屏可以向上或向下调整为容易观看的角度，从而从任意位置进行拍摄。当"触摸操作"菜单设为"开"选项时，可以以触摸的方式操作此液晶显示屏

ISO 感光度设置按钮
按下此按钮可以快速进行感光度数值设置

AF-ON（AF 开启）按钮 / 放大按钮

在拍摄时，可以按下 AF-ON 按钮来进行自动对焦，与半按快门进行对焦是一样的效果；在播放照片时，按下此按钮，则可以放大播放当前所选照片，在放大播放的情况下，可以通过转动控制拨轮调整放大倍率

DISP 按钮

在默认设置下，每按一次控制拨轮上的 DISP 按钮，将依次改变拍摄信息画面，可以在"DISP 按钮"菜单中，分别设定"显示屏"和"取景器"按下 DISP 按钮显示的信息画面

MOVIE（视频）按钮

按下此按钮可以录制视频，再次按下此按钮结束录制

AE-L 按钮 / 影像索引按钮

在拍摄模式下，按此按钮可以锁定自动曝光，可以以相同曝光值拍摄多张照片；在播放模式下，按此按钮可以显示影像索引界面，在影像索引界面可以显示 9 张或 25 张照片

取景器目镜

在拍摄时，可通过观察取景器目镜进行取景构图

多功能选择器

主要用于选择项目。在区、自由点、扩展自由点三种自动对焦区域模式下，可以通过按多功能选择器的上、下、左、右移动对焦框；在放大对焦的界面上，可以用于选择放大位置。在默认设置下，按下多功能选择器的中央，可以执行"对焦标准"功能，在区、自由点和扩展自由点自动对焦区域模式下，按下即可将对焦框选择为中央位置；而在广域或中间自动对焦区域模式下，按下可以对画面中央对焦；如果在这两种模式下，将"中央锁定 AF"功能开启，按下便会启动该功能

拍摄模式按钮

按下此按钮可以选择拍摄模式，如单张拍摄、连拍、自拍或阶段曝光

控制拨轮

通过转动控制拨轮或按控制拨轮的上下左右键可以移动选择框。按下中央按钮便会确定所选项目

中央按钮

用于菜单功能选择的确认，类似于其他相机上的 OK 按钮

SONY α7RⅢ相机侧面结构

麦克风接口

如果连接外接麦克风，会自动切换到外接麦克风状态。如果使用兼容插入式电源的外接麦克风，相机将为麦克风提供电源

HDMI 微型接口

用 HDMI 线将相机与电视机连接起来，可以在电视机上查看照片

耳机接口

可以插入耳机收听视频中的声音

闪光灯同步端子

用于连接带有同步端子线的外置闪光灯

N 标记

本标记表示用于连接相机与启用 NFC 功能的智能手机的接触点

存储卡插槽盖

拨动媒体插槽盖开关后，打开此盖即可安装或取出存储卡，本相机有两个存储卡插槽，可以安装 SD 卡。其中插槽 1（下方）可以兼容 UHS-I、UHS-II 类型的 SD 卡；插槽 2（上方）可以兼容 UHS-I、Memory Stick PRO Duo 类型的存储卡

USB Type-C 接口

可以在此接口插入 USB Type-C 连接线给相机供电、给电池充电和进行 USB 通信

媒体插槽盖开关

向下拨动此开关，可以解锁存储卡插槽盖

Multi/Micro USB 端子

可以将 Micro USB 连接线插入此接口和电脑 USB 接口，可以连接至电脑；将 USB 连接线连接电源适配器并插入插座，可以为电池充电

充电指示灯

当使用 USB Type-C 或 Micro USB 连接线连接相机和电源适配器对电池充电时，相机的充电指示灯显示为橙色，充电开始。充电期间，请将电源开关设定为"OFF"，该指示灯熄灭时表示充电结束，该指示灯闪烁表示由于充电错误或充电温度超出了适合充电的温度范围而从充电变成待机状

SONY α7RⅢ相机底部结构

电池盖

用于安装和更换电池。滑动盖子的打开杆打开盖子，将电池的接点向下装入即可

三脚架接孔

用于将相机固定在三脚架或独脚架上。顺时针转动三脚架快装板上的旋钮，可将相机固定在三脚架上或独脚架上

SONY α7RⅢ取景器显示界面 1

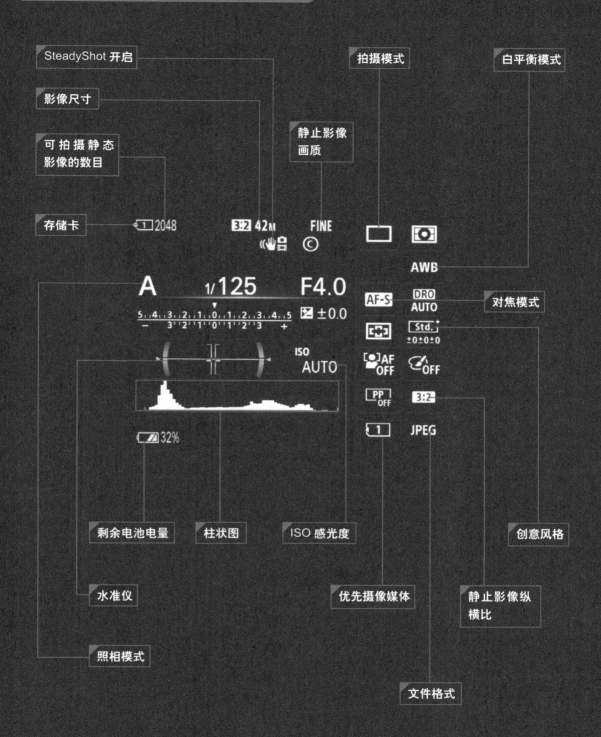

SteadyShot 开启

影像尺寸

可拍摄静态
影像的数目

存储卡

拍摄模式

白平衡模式

静止影像
画质

2048

3:2 42M

FINE
C

AWB

A   1/125   F4.0

5 . 4 . 3 . 2 . 1 . 0 . 1 . 2 . 3 . 4 . 5
3''2''1''0''1''2''3
—   +

±0.0

AF-S

DRO
AUTO

对焦模式

Std.
±0±0±0

AF
OFF

OFF

PP
OFF

3:2

1

JPEG

ISO
AUTO

32%

剩余电池电量

柱状图

ISO 感光度

创意风格

水准仪

优先摄像媒体

静止影像纵
横比

照相模式

文件格式

SONY α7RⅢ取景器显示界面 2

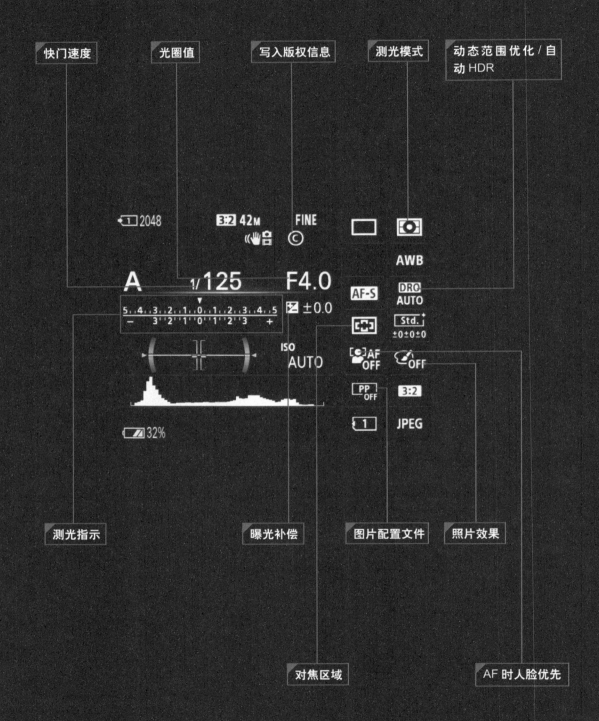

快门速度

光圈值

写入版权信息

测光模式

动态范围优化 / 自动 HDR

测光指示

曝光补偿

图片配置文件

照片效果

对焦区域

AF 时人脸优先

焦距：18mm 光圈：F11 快门速度：3s 感光度：ISO50

Chapter **02**

初上手一定要学会的基础设置

掌握机身按钮的操作方法

掌握按快门的技巧

在 拍摄过程中，半按快门进行对焦是非常重要的一个步骤，通常相机需要半按快门来进行自动对焦，如果在光线较暗或被摄对象前面有障碍物时，相机会持续进行对焦，此时的快门是无法完全按下的，直到响起"滴"的声音才表示此时已经成功对焦了，只有在准确对焦后，相机才会允许完全按下快门进行拍摄（在自动对焦模式下），从而得到一张成像清晰的照片——这也是对照片品质的最基本要求。

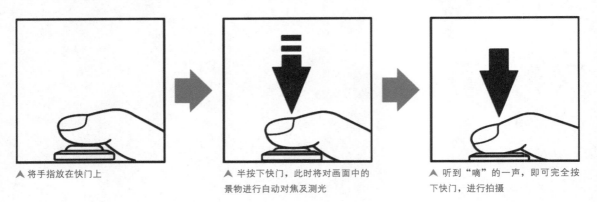

▲ 将手指放在快门上　　　　　　　　▲ 半按下快门，此时将对画面中的　　　▲ 听到"滴"的一声，即可完全按
　　　　　　　　　　　　　　　　　景物进行自动对焦及测光　　　　　下快门，进行拍摄

如果在成功对焦之后，需要重新进行构图，此时应保持快门的半按状态，然后移动相机并透过取景器进行重新构图，满意后完全按下快门即可进行拍摄。

用屈光度调节旋钮调整对焦清晰度

当摄影师通过取景器观察要拍摄的对象时，需要特别注意一点，即如果经过自动对焦或手动调焦，被摄对象看上去始终是模糊的，首先要想到调整取景器的对焦清晰度，因为这可能是由于其他人在使用相机时对取景器的对焦状态进行了调整造成的。

按下方所示的步骤重新调整取景器的对焦状态，即可使其恢复到最清晰的状态。

▲ 注视取景器并旋转屈光度调节旋钮，直到取景器中的照片变清晰

掌握控制拨轮的操作方法

控制拨轮及其中央按钮

利用 SONY α7RⅢ的控制拨轮可以快速选择设置选项，例如在设置菜单参数时，除了可以按下控制拨轮上的▼、▲、◄、►方向键完成选择操作外，还可以通过转动控制拨轮以更快的速度进行选择。

控制拨轮的中央按钮相当于"确定"或"OK"按钮，用于确定所选项目。

控制拨轮上的功能按钮

在 SONY α7RⅢ的控制拨轮上，有 3 个功能按钮。上键为 DISP 显示拍摄内容按钮，可在拍摄或播放状态下切换显示的拍摄信息；左键为拍摄模式按钮，可设置单张拍摄、连拍、自拍定时等拍摄模式；右键为 ISO 按钮，在拍摄过程中按下此按钮，可快速设置 ISO 感光度数值。

▲ SONY α7RⅢ的控制拨轮

利用DISP按钮切换屏幕显示信息

要使用 SONY α7RⅢ进行拍摄，必须了解如何显示光圈、快门速度、感光度、电池电量、拍摄模式、测光模式等与拍摄有关的拍摄信息，以便在拍摄时根据需要及时调整这些参数。

按下控制拨轮上的 DISP 按钮即可显示拍摄信息。每按一次，拍摄信息就会按默认的显示顺序进行切换。

默认显示顺序为：显示全部信息→无显示信息→柱状图→数字水平量规→取景器。

▲ 按下控制拨轮上的 DISP 按钮

▲ 图形显示

▲ 显示全部信息

▲ 无显示信息

▲ 柱状图

▲ 数字水平量规

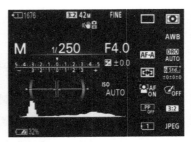
▲ 取景器

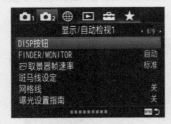
❶ 在**拍摄设置2菜单**中的第6页，选择 DISP **按钮**选项

❷ 按下▼或▲方向键选择**显示屏**或**取景器**选项

❸ 按下▼、▲、◀、▶方向键选择所需要显示的选项，然后按下控制拨轮上的中央按钮添加选中标志，选择**确定**选项并按下控制拨轮中央按钮

掌握菜单的基本操作方法

了解SONY α7RⅢ菜单结构

　　SONY α7RⅢ的菜单包含大量选项，掌握与菜单相关的操作并了解各个菜单选项的意义，可以帮助我们更快速、准确地进行参数设置。

　　SONY α7RⅢ共包含"拍摄设置1""拍摄设置2""网络""播放""设置"及"我的菜单"6个菜单项目。

● 拍摄设置 1 菜单
● 拍摄设置 2 菜单
● 网络菜单
● 播放菜单
● 设置菜单
● 我的菜单

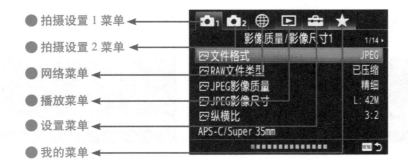

SONY α7RⅢ 菜单的设置方法

下面以设置"拍摄设置 1 菜单"中的"创意风格"选项为例，介绍设置菜单的详细操作方法。

❶ 按下 MENU 按钮显示菜单界面，按下控制拨轮上的▲方向键切换至上方菜单项，然后按下◀或▶方向键在各菜单项之间切换

❷ 选择好所需菜单项后按下▼方向键，按下控制拨轮上的◀或▶方向键选择当前菜单设置页下的子序号

❸ 转动控制拨轮或按下控制拨轮上的▼或▲方向键选择要设置的菜单项目，然后按下控制拨轮中央按钮

❹ 进入其设置界面，转动控制拨轮或按下控制拨轮上的▼或▲方向键选择所需选项

❺ 按下▶方向键可以进入其参数详细设置界面，按下控制拨轮上的◀或▶方向键选择要设置的选项

❻ 按下控制拨轮上的▼或▲方向键更改选项或数值，设置完后按下控制拨轮上的中央按钮确定修改；按下 MENU 按钮则取消修改

在菜单列表中，以灰色显示的菜单项表示当前不可选择，出现这种情况通常是因为当前所设置的某一项或某几项拍摄参数无法满足该菜单的运行条件。

利用快速导航界面设置相机参数

认识快速导航

快速导航界面是指在任何照相模式下，按下 Fn（功能）按钮后，在液晶显示屏上显示的用于更改各项拍摄参数的界面。快速导航界面有如下两种显示形式：①当液晶显示屏显示为取景器拍摄画面时，按下 Fn 按钮后显示如右图1所示的界面；②当液晶显示屏显示为取景器拍摄画面以外的其他5种显示画面时，按下 Fn 按钮后显示如右图2所示的界面。

这两种快速导航界面的显示形式没有本质区别。

如果将照相模式设为自动模式，两种导航界面如右图所示。

在默认情况下，可以在快速导航界面1中进行设置的参数如右下表所示，根据所选择的照相模式不同，可更改的参数项目也不同。

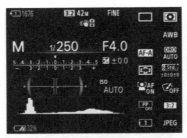
▲ 按下 DISP 按钮选择取景器拍摄画面

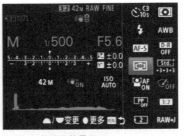
▲ 图1：快速导航界面1

▲ 按下 DISP 按钮选择取景器拍摄画面以外的显示画面

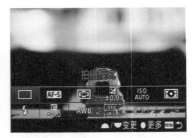
▲ 图2：快速导航界面2

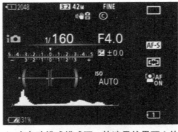
▲ 在自动模式模式下，快速导航界面1的显示状态

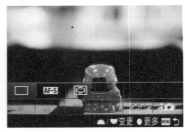
▲ 在自动模式模式下，快速导航界面2的显示状态

➤ 利用快速导航菜单可以快速设置拍摄时常用的功能，省去了在众多菜单中寻找功能的时间，特别是下午黄金时间段拍摄时，这样做可以提高拍摄效率（焦距：55mm 光圈：F2.8 快门速度：1/160s 感光度：ISO100）

在快速导航界面 1 中改变拍摄参数

在快速导航界面中，可以通过控制拨轮上的▼、▲、◀、▶方向键选择想要更改的项目，然后转动前转盘来设置相关选项。对于某些功能，可以转动后转盘选择详细参数；也可以在选择项目后，按下控制拨轮中央按钮进入设置界面。

右侧为在快速导航界面 1 中改变参数的操作步骤。

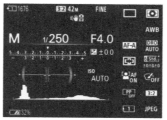

❶ 按下控制拨轮上的 DISP 按钮，显示取景器画面

❷ 按下 Fn 按钮显示快速导航界面 1，使用控制拨轮上的▼、▲、◀、▶方向键选择要设定的功能

❸ 转动前转盘，设置所需选项，对于某些功能，还可以转动后转盘进行详细设置

❹ 还可以在步骤❷的基础上，通过按下控制拨轮上的中央按钮，进入其详细操作界面，此时可以按下控制拨轮上的▼、▲、◀、▶方向键进行设置

注册常用拍摄参数到快速导航界面 2

快速导航界面 2 中所显示的拍摄参数项目，可以在"拍摄设置 2 菜单"的"功能菜单设置"中进行自定义注册。利用此菜单，可以将拍摄时常用的拍摄参数注册在导航界面中，以便于拍摄时快速改变这些参数。

右侧展示了笔者注册"APS-C S35 拍摄"功能的操作步骤及注册后的快速导航界面 2。

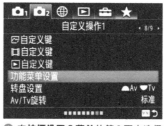

❶ 在**拍摄设置 2 菜单**的第 8 页中选择**功能菜单设置**选项

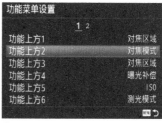

❷ 按下控制拨轮上的◀或▶方向键选择 1 或 2 序号，按下▼或▲方向键选择要注册项目的位置序号，然后按下控制拨轮中央按钮

❸ 按下▼或▲方向键选择要注册的项目，然后按下控制拨轮中央按钮

❹ 注册后的项目在快速导航界面 2 上显示的效果。还可以按此方法注册其他位置的功能

必须重视的拍前三检查

笔者不仅亲身经历过，也见过有些摄友遇到在到达拍摄场地后，发现电池没电或存储卡已满但还不能删除其中的照片的情况，最后只好乘兴而来败兴而归，因此一定要养成出发前检查装备的好习惯。

检查镜头等装备是否带齐

如果要拍摄的是大场景风光画面，一定要确认携带的是具有广角端的变焦镜头或定焦广角镜头；同理，如果要拍摄的是室内人像，长焦变焦或长焦定焦镜头就无用武之地，因此出发前一定要检查自己携带的镜头是否符合拍摄主题的要求。

检查电池电量

如果要外出进行长时间拍摄，一定要在出发前检查电池电量是否充足或是否携带了备用电池，尤其是前往寒冷地域拍摄时，电池的电量会下降很快，这时尤其要注意这个问题。

电池电量图标的显示状态不同，电池的电量也不同，在拍摄时应随时查看电池电量图标的显示状态，以免错失拍摄良机。

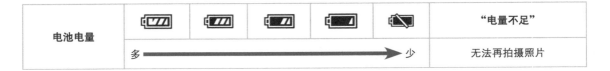

电池电量						"电量不足"
	多 ➡ 少					无法再拍摄照片

检查存储卡剩余空间

检查存储卡剩余空间也是一项很重要的工作，尤其是外出拍摄鸟或动物等题材时，通常要采用连拍方式，此时存储卡的剩余空间会快速减少。

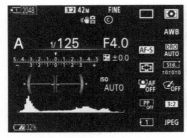

▲ 红框中为存储卡中静态照片的可拍摄数量

▲（焦距：17mm 光圈：F8 快门速度：20s 感光度：ISO100）

文件存储格式与质量

设置文件存储格式

在SONY α7RⅢ相机中，可以利用"文件格式"选项设置所拍摄照片的存储格式，其中包括RAW、RAW&JPEG、JPEG三个选项。

JPEG是最常用的图像文件格式，通过压缩的方式去除冗余的图像数据，在获得极高压缩率的同时，能展现十分丰富、生动的图像，且兼容性好，广泛应用于网络发布、照片洗印等领域。

RAW并不是某个具体的文件格式，而是一类文件格式的统称，是指数码相机专用的文件存储格式，用于记录照片的原始数据，如相机型号、快门速度、光圈、白平衡等。在SONY α7RⅢ中，RAW格式文件的扩展名为.arw，这也是目前所有索尼相机统一的RAW文件格式扩展名。

如果选择"RAW&JPEG"选项，则表示同时记录RAW和JPEG格式的照片。

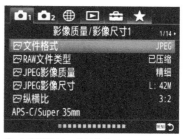

❶ 在**拍摄设置1菜单**的第1页中选择**文件格式**选项

❷ 按下▼或▲方向键选择所需的选项

JPEG与RAW格式的优劣对比

JPEG与RAW格式的优劣对比如下表所示。

JPEG与RAW格式的优劣对比		
格式	**JPEG**	**RAW**
占用空间	占用空间较小	占用空间很大，通常比相同尺寸的JPEG图像要大4~6倍
成像质量	虽然文件被压缩，但在选择平滑质量的前提下，肉眼基本看不出来	肉眼基本看不出与JPEG格式的区别，但在放大观看时，照片能够表现出更平滑的梯度和色调过渡效果
宽容度	此格式的图像由数字信号处理器进行了一定程度的压缩，虽然肉眼难以分辨，但确实少了很多细节。在对照片进行后期处理时容易发现这一点，对阴影（高光）区域进行强制性提亮（降暗）时，照片的画面会出现色条或噪点，因此，宽容度较小	RAW格式是原始的、未经数码相机处理的照片文件格式，它反映的是从传感器中得到的最直接的信息，是真正意义上的"数码底片"。由于RAW格式的照片未经相机的数字信号处理器调整清晰度、反差、色彩饱和度和白平衡，因而保留了丰富的图像原始数据，从后期处理角度来看，潜力巨大，所以，RAW格式的宽容度较大
可编辑性	可直接使用Photoshop、光影魔术手、美图秀秀等软件进行编辑，并可直接发布于QQ相册、论坛、微信、微博等网络媒体	需要使用专门的软件进行解码，然后导出成为JPEG格式的照片
适用题材	日常拍摄题材	强调专业性、商业性的题材，如人像、风光、商品静物等

如何处理 RAW 格式文件

当前能够处理RAW格式文件的软件不少。

最常用的软件是 Photoshop，此软件自带 RAW 格式文件处理插件，能够处理各类 RAW 格式文件，而不仅限于索尼数码相机所拍摄的数码照片，其功能很强大。

此外，也可以使用索尼提供的 Imaging Edge 软件，此软件是索尼公司开发的一款可以用于处理和管理索尼相机拍摄的 RAW 照片的软件。

▲ 处理前画面偏灰

▲ 使用 Photoshop 的插件处理 RAW 格式照片的界面图

▲ 使用 Photoshop 软件处理后，画面对比度加强，色彩更饱和（焦距：70mm　光圈：F10　快门速度：1/200s　感光度：ISO800）

设置RAW文件类型

众所周知,RAW格式可以最大限度地记录照片的拍摄数据,比JPEG格式拥有更高的可调整宽容度,但其最大的缺点就是由于记录的信息很多,因此文件容量非常大。在SONY α7RⅢ中,可以根据需要设置已压缩选项,以减小文件容量——当然,在存储卡空间足够的情况下,应尽可能地选择未压缩的文件格式,从而为后期处理保留最大的空间。

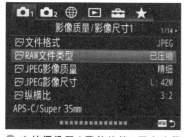 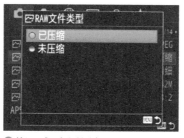

❶ 在**拍摄设置1菜单**的第1页中选择 RAW **文件类型**选项

❷ 按下▼或▲方向键选择所需的选项

■ 压缩：选择此选项,以已压缩RAW格式记录照片。

■ 未压缩：选择此选项,则不会压缩RAW照片,以原始数据记录照片。但照片文件会比已压缩的RAW照片文件大,因此需要更多的存储空间。

设置JPEG影像质量

当在"文件格式"中将选项设置为"RAW&JPEG"和"JPEG"两个选项时,可以通过此菜单来设置JPEG格式照片的影像质量。

菜单中包含有"超精细""精细""标准"3个选项,其压缩率从小到大依次为"超精细""精细""标准"。一般情况下,建议使用"超精细"格式进行拍摄,其不仅可以提供更高的影像质量,而且后期处理的效果也会更好;在高速连拍(如体育摄影)或需大量拍摄(如旅游纪念、纪实)时,"标准"格式是最佳选择。

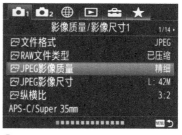

❶ 在**拍摄设置1菜单**的第1页中选择 JPEG **影像质量**选项

❷ 按下▼或▲方向键选择所需的选项

▲ 当使用连拍模式拍摄体育比赛场景时,可以将JPEF影像质量设置为 标准 选项,从而使存储卡能够容纳更多数量的照片(焦距：300mm 光圈：F2.8 快门速度：1/800s 感光度：ISO1600)

设置文件储存影像尺寸与长宽比

根据用途及存储空间设置影像尺寸

影像尺寸直接影响着最终输出照片的大小，通常情况下，只要存储卡空间足够，那么建议使用较大的尺寸来保存照片。

从照片最终用途来看，如果照片用于印刷、洗印等，推荐使用大尺寸记录。如果只是用于网络发布、简单地记录或在存储卡空间不足时，则可以根据情况选择较小的影像尺寸。

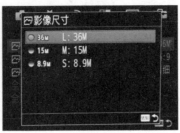

① 在**拍摄设置 1 菜单**的第 1 页中选择 JPEG **影像尺寸**选项

② 按下▼或▲方向键选择所需影像尺寸

全画幅格式下，"纵横比"设置为3：2时的影像尺寸			全画幅格式下，"纵横比"设置为16：9时的影像尺寸		
选项	像素值	分辨率	选项	像素值	分辨率
L（大）	42M	7952×5304像素	L（大）	36M	7952×4472像素
M（中）	18M	5168×3448像素	M（中）	42M	5168×2912像素
S（小）	11M	3984×2656像素	S（小）	42M	3984×2240像素
APS-C画幅格式下，"纵横比"设置为3：2时的影像尺寸			APS-C画幅格式下，"纵横比"设置为16：9时的影像尺寸		
选项	像素值	分辨率	选项	像素值	分辨率
L（大）	18M	5168×3448像素	L（大）	15M	5168×2912像素
M（中）	11M	3984×2656像素	M（中）	8.9M	3984×2240像素
S（小）	4.5M	2592×1728像素	S（小）	3.8M	2592×1456像素

▲ 如果要拍摄类似于上面展示的纪录性质的照片，应该将影像尺寸设置为 S，以节约存储卡空间

设置照片的纵横比

纵横比是指照片的高度与宽度的比例。通常情况下，标准的纵横比为3：2，也就是照片的高度是宽度的2/3，相当于一般相纸的长宽比例，适用于快照打印。如果想拍摄适合在宽屏计算机显示器或高清电视上查看的照片，可以切换为16：9的纵横比。

高手点拨

纵横比与构图的关系密切，不同纵横比的画面会给人不同的视觉感受，灵活使用纵横比可以使构图更完美。例如使用广角镜头拍摄风光时，使用16：9纵横比拍摄的照片要比使用3：2纵横比拍摄的照片显得更宽广、深邃。

❶ 在**拍摄设置1菜单**的第1页中选择**纵横比**选项

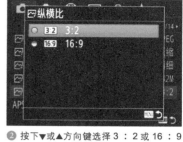

❷ 按下▼或▲方向键选择3：2或16：9选项

▲ 使用3：2纵横比拍摄的照片示意图

▲ 使用16：9纵横比拍摄的照片示意图

▼ 采用16：9的纵横比进行拍摄，可以更好地凸显画面的宽阔感（焦距：32mm　光圈：F11　快门速度：10s　感光度：ISO100）

设置文件命名与存储方式

设置文件序号

使用SONY α7RⅢ拍摄照片时，照片的序号是按相机默认的规则顺序排列的，但这种序号排列规则，可以通过"文件序号"菜单进行重新定义。

❶ 在**设置菜单**5中选择**文件序号**选项

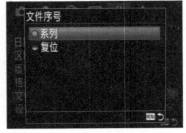

❷ 按下▼或▲方向键选择**系列**或**复位**选项

■ 系列：选择此选项，则相机拍摄的照片将会从流水号0001至9999的顺序，自动对照片文件进行编号，即使中间更换了存储卡或创建了新文件夹，也会按照这个规则设置文件序号。

■ 复位：选择此选项，当更改文件夹格式、文件夹中所有照片都被删除、更换存储卡、格式化存储卡时，相机会重置序号并从0001开始指定序号，当记录文件夹中包含文件时，会指定一个比最大编号大一个数字作为文件编号。

▼ 采用系列编号顺序拍摄的照片，在计算机上查看时更容易归类（焦距：38mm　光圈：F9　快门速度：1/250s　感光度：ISO100）

设置文件夹名

使用 SONY α7RⅢ相机拍摄的照片都将被记录在存储卡的 DCIM 文件夹下自动创建的文件夹中。

相机默认的文件夹名为"标准型",即在创建文件夹时,将使用 3 位数的前缀(从 100 开始)+MSDCF 的标准形式来命名。

当文件夹中的照片数量超过 999 张时,将使用一个新的文件夹,前缀数字将比上一个文件夹大一个数字,如 101MSDCF、102MSDCF。但这种命名方式不具任何特殊意义,仅供辨识。

如果选择"日期型"选项,则以日期形式命名文件夹,相机将会改用"文件夹编号＋年(最后一位数字)＋月＋日"的格式为文件夹命名。例如 10671120,其中前三位数字"106"是文件夹编号,"7"是年份(2017 年的最后一位数字),"11"是月份,"20"是日期,即拍摄照片的日期为 2017 年 11 月 20 日。

❶ 在**设置菜单** 6 中选择**文件夹名**选项

❷ 按下▼或▲方向键选择**标准型**或**日期型**选项

高手点拨

　　当需要以每天拍摄的内容来区分作品时,如外出旅行、宝宝成长纪念等,可以选择"日期型"的文件夹命名形式来给照片归类。每一个日期建立一个新文件夹,则照片会被存储在当天建立的文件夹中,在计算机上查看不同日期拍摄的照片时,根据文件夹的日期可以很方便地找到某个日期拍摄的照片。

◀ 使用"日期型"文件夹命名形式,可以轻松记录并分类整理每天拍摄的不同美食照片

选择REC文件夹分类管理照片

当 在"文件夹名"菜单中选择"标准型"时，如果存储卡中有两个或更多的文件夹，可以通过"选择 REC 文件夹"菜单来设置以后拍摄的照片要存放在哪个文件夹中。

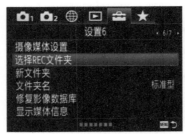

❶ 在**设置菜单 6 中选择选择 REC 文件夹**选项

❷ 按下▼或▲方向键选择所需的文件夹，然后按下控制拨轮中央按钮确定

高手点拨

依据不同的拍摄场景、主题、题材等指定照片存放的文件夹，可以简化整理照片的工作，达到快速分类的目的。

创建新文件夹为照片归类

利用"新文件夹"选项，可以在存储卡中创建一个新文件夹来记录照片，以方便后期归类照片。

新创建的文件夹名称会以"文件夹名"选项中设置的格式来命名，名称编号为最后文件夹名称编号的下一个编号。例如，在"文件夹名"菜单中选择"标准型"时，最后文件夹名称编号为100MSDCF，那么新创建的文件夹名称则为101MSDCF。

如果在"文件夹名"菜单中选择"日期型"时，最后文件夹名称编号为10671120，那么新创建的文件夹名称则为10771120。当新文件夹创建成功后，接下来拍摄的照片将会被记录在新创建的文件夹中。

❶ 在**设置菜单 6 中选择新文件夹**选项

❷ 按下控制拨轮上的中央按钮确定创建新文件夹

▶ 当拍摄下一个主题或更换环境时，都可以通过创建新的文件夹，使照片分类更简明

设置拍摄画幅

SONY α7RⅢ为全画幅数码微单相机，当在此相机使用上APS-C相机的专用镜头拍摄时，画面的周围会出现大面积的暗角和黑色区域。

由于SONY α7RⅢ的有效像素为4240万，即使以APS-C画幅进行拍摄，也可以获得约2000万有效像素，这已经可以满足绝大部分日常拍摄及部分商业摄影的需求。

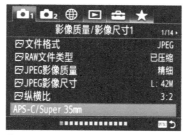

① 在**拍摄设置1菜单**中选择APS-C/Super 35mm选项

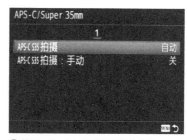

② 按下▼或▲方向键选择所需的选项

③ 如果在步骤②选择了APS-C S35 **拍摄**选项，在此可以选择**自动**或**手动**选项

④ 如果在步骤②中选择了APS-C S35 **拍摄：手动**选项，在此可以选择**开**或**关**选项

■APS-C S35拍摄：选择"自动"选项，则当在SONY α7RⅢ相机上安装了APS-C画幅的镜头时，将自动切换至APS-C画幅拍摄照片或以Super 35mm尺寸录制视频。选择"手动"选项，则当在SONY α7RⅢ相机上安装了APS-C画幅的镜头时，需要手动选择是否以APS-C画幅拍摄照片或以Super 35mm尺寸录制视频。

■APS-C S35拍摄（手动）：选择"开"选项，则使用APS-C画幅拍摄照片，照片尺寸也会自动调整。在录制视频时，将以Super 35mm尺寸记录。选择"关"选项，则使用全画幅拍摄照片或录制视频。

➤ 如果拍摄演唱会时座位距离舞台较远，可以考虑使用APS-C画幅拍摄，以将所要拍摄的人物"拉近"（焦距：150mm　光圈：F3.5　快门速度：1/200s　感光度：ISO640）

相机变焦设置

当在 SONY α7RⅢ相机上安装了变焦镜头时，可以用变焦镜头的变焦杆或变焦环进行放大变焦。不过光学变焦范围会因镜头的焦距而受限，如果想进一步进行放大变焦操作，可以通过"变焦设置"菜单进行设置，以进行更高倍率的数字变焦。

■仅光学变焦：选择此选项，当"影像尺寸"设置为L时，只可以使用光学变焦，而"影像尺寸"设置为L以外其他尺寸时，则即使超出光学变焦倍率范围时，也可以进行放大变焦拍摄，此时，液晶显示屏的变焦条会显示s🔍（智能变焦）图标。

■开（清晰影像缩放）：选择此选项，即使是超出光学变焦倍率范围和智能变焦范围，也可以在几乎不降低影像质量的情况下进行放大变焦拍摄，此时，液晶显示屏的变焦条会显示c🔍图标。

■开（数字变焦）：选择此选项，即使是超出清晰影像缩放倍率范围，也可以以更高倍率进行放大，但是影像质量会明显下降。此时，液晶显示屏的变焦条会显示🔍图标。

下表是纵横比设置为 3：2 时的变焦倍率说明表

变焦设置	JPEG影像尺寸	全画幅/APS-C	变焦倍数
仅光学变焦（包含智能变焦）	L	—	—
	M	全画幅	约1.5倍
		APS-C	约1.3倍
	S	全画幅	约2倍
		APS-C	约2倍
开：清晰影像缩放	L	全画幅	约2倍
		APS-C	约2倍
	M	全画幅	约3.1倍
		APS-C	约2.6倍
	L	全画幅	约4倍
		APS-C	约4倍
开：数字变焦	L	全画幅	约4倍
		APS-C	约4倍
	M	全画幅	约6.2倍
		APS-C	约5.2倍
	S	全画幅	约8倍
		APS-C	约8倍

❶ 在拍摄设置2菜单的第5页中选择变焦设置选项

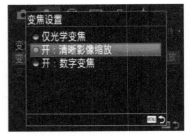

❷ 按下▼或▲方向键选择一个选项，然后按下控制拨轮中央按钮确定

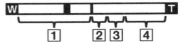

▲电动变焦镜头的变焦指示

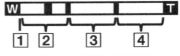

▲电动变焦以外镜头的变焦指示

①光学变焦范围
②智能变焦范围s🔍
③清晰影像缩放范围c🔍
④数字变焦范围🔍

高手点拨

使用电动变焦镜头时，当超出光学变焦的倍率时，会自动转换为菜单中所设置的变焦操作，如果使用的是电动变焦镜头以外的镜头时，当在"变焦设置"菜单中选择了所需的选项后，可在"变焦"菜单中选择要放大的变焦数值

切换取景器及显示屏

与单反相机不同，SONY α7RⅢ使用的是电子取景器，即在取景器中也能够浏览照片、显示菜单及拍摄参数。

在默认情况下，当摄影师的眼部靠近取景器时，显示屏中显示的内容将自动切换至取景器继续显示，但这种显示方式非常耗电，因此，如果需要的话，可以在"FINDER/MONITOR"菜单中改变此设置。

■自动：选择此选项，则向取景器中观看时，会自动切换为在取景器中显示画面。

■取景器（手动）：选择此选项，则关闭液晶显示屏，而在取景器中显示照片。

■显示屏（手动）：选择此选项，则关闭取景器，而在液晶显示屏中显示照片。

❶ 在**拍摄设置2菜单**的第6页中选择 FINDER/MONITOR 选项

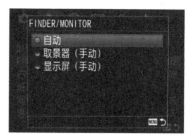

❷ 按下▼或▲方向键选择一个选项

▶ 在室外拍摄照片时，节省电池的电量很关键，为了避免浪费电量，摄影师要根据自己的拍摄习惯，将取景的方式设置为取景器或显示屏（焦距：200mm 光圈：F4 快门速度：1/250s 感光度：ISO125）

设置实时取景显示以显示照片的应用效果

在实时取景拍摄模式下，当改变曝光补偿、白平衡、创意风格或照片效果时，通常可以在显示屏中即刻观察到这些设置对照片的影响，以正确评估是否需要修改或如何修改这些拍摄设置。

但如果不希望这些拍摄设置影响液晶显示屏中显示的照片，可以使用"实时取景显示"选项关闭此功能。

■ 设置效果开：选择此选项，则修改拍摄设置时，液晶显示屏将即刻反映该设置对照片的影响。

■ 设置效果关：选择此选项，则改变拍摄设置时，液晶显示屏中的照片将无变化。

高手点拨

建议选择"设置效果开"选项，以观察拍摄设置对照片的影响。

在"智能自动""动态影像"和"慢和快动作"照相模式下，无法选择"设置效果关"选项。

① 在**拍摄设置2菜单**的第7页中选择**实时取景显示**选项

② 按下▼或▲方向键选择所需选项

▲ 修改白平衡前的拍摄效果

▲ 修改白平衡后的拍摄效果

▶ 初学者在拍摄时应该尽量开启"实时取景显示"功能，以便在改变拍摄参数后，可以从液晶显示屏中观察到照片的变化（焦距：28mm　光圈：F8　快门速度：1/160s　感光度：ISO100）

为按钮注册自定义功能

SONY α7RⅢ相机可以根据个人的操作习惯或临时的拍摄需求，为 AF-ON 按钮、C1 按钮、C2 按钮、C3 按钮、C4 按钮、AEL 按钮、控制拨轮中央按钮、控制拨轮、▼方向键、◀方向键、▶方向键、多功能选择器中央按钮、Fn/ 按钮、对焦保持按钮（为镜头的对焦保持按钮）指定不同的功能，这进一步方便了我们指定并操控自定义功能。

SONY α7RⅢ相机可以分别在静态照片拍摄时、动画拍摄时和播放时指定按钮的功能，如果要重新定义上述按钮的功能，可以按下方的步骤操作，当注册完以后，在拍摄时，只需按下自定义的按钮，即可显示所注册功能的参数选择界面。例如，对于 C1 按钮而言，如果当前注册的功能为对焦区域，那么当按下 C1 按钮时，则可以显示对焦区域选项。

▲ 各个按钮在相机上的位置

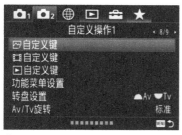

❶ 在**拍摄设置 2 菜单**的第 8 页中选择 **自定义键**选项

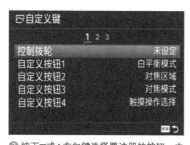

❷ 按下▼或▲方向键选择要注册的按钮，由于可注册按钮选项较多，按下◀或▶方向键切换显示选项界面

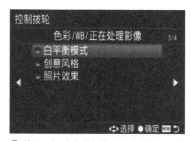

❸ 按下◀或▶方向键切换显示选项界面，按下▲或▼方向键选择要注册的功能，然后按下控制拨轮中央按钮确定

SONY α7RⅢ相机通过"自定义键"菜单，可以注册各个按钮在录制视频时的功能，可注册的按钮与静态拍摄时的一样，但功能选项会有所不同，会有一些与录制相关的功能选项，读者根据自身拍摄需求注册即可。在播放照片时，SONY α7RⅢ相机可以为 C1 按钮、C2 按钮、C3 按钮、Fn/ 按钮在播放照片时，按下它们可以执行的操作。例如，如果将 C2 按钮注册为"保护"，则在播放照片时，按下 C2 按钮可以保护所选择的照片。

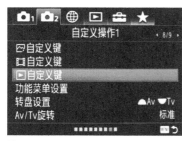

❶ 在**拍摄设置 2 菜单**的第 8 页中选择 **自定义键**选项

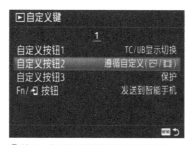

❷ 按下▼或▲方向键选择要注册的按钮

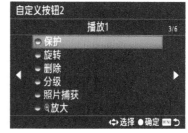

❸ 按下◀或▶方向键切换显示选项界面，按下▲或▼方向键选择要注册的功能，然后按下控制拨轮中央按钮确定

设置自动关机开始时间提高相机的续航能力

在实际拍摄中，为了节省电池的电力，可以在"自动关机开始时间"菜单中选择相机自动关机的时间间隔，有"10秒""1分钟""2分钟""5分钟"及"30分钟"5个选项。如果在指定时间内不操作相机，相机将会自动进入自动关机模式，从而节省电池的电力，当半按快门时将还原为照相模式。

❶ 在**设置菜单**2 中选择**自动关机开始时间**选项

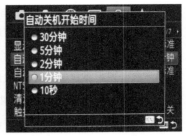

❷ 按下▼或▲方向键选择一个开机时间选项

高手点拨

在实际拍摄中，可以将"自动关机开始时间"设置为1分钟或2分钟，这样既可以保证抓拍的即时性，又可以最大限度地节电。

将"自动关机开始时间"设置得越短，对节省电池电力就越有利，当摄影师身处严寒环境中拍摄时，这样的设置就显得尤其重要，因为在低温环境中电池电力的消耗速度往往是常温的几倍。

▼ 在天气寒冷的地方拍摄时，将"自动关机开始时间"设置为1分钟即可（焦距：18mm 光圈：F10 快门速度：1/100s 感光度：ISO100）

格式化存储卡清除空间

通常情况下，在使用新的存储卡或在计算机中格式化过的旧存储卡时，都应该使用"格式化"功能对其进行格式化，以删除存储卡中的全部数据。

需要注意的是，一般在格式化存储卡时，存储卡中的所有图像和数据都将被删除，即使被保护的图像也不例外，因此需要在格式化之前将所要保留的照片文件转存到新的存储卡或计算机中。

❶ 在**设置菜单 5** 中选择**格式化**选项

❷ 按下▼或▲方向键选择要格式化的存储卡插槽选项，然后按下控制拨轮上的中央按钮

❸ 按下▼或▲方向键选择**确定**选项，然后按下控制拨轮上的中央按钮

高手点拨

对于新的存储卡或者被其他相机、计算机使用过的存储卡，在使用前建议进行一次格式化，以免发生记录格式错误。另外，虽然现在互联网上流传着各种数据恢复软件，如Finaldata、EasyRecovery等，但实际上要恢复被格式化的存储卡中的所有数据，仍然有一定困难。而且即使有部分数据被恢复出来，也有可能出现文件无法识别、文件名成为乱码的情况，因此不可抱有侥幸心理。

设置是否开启触摸操作

SONY α7RⅢ的液晶显示屏支持触摸操作，读者可以触摸屏幕来进行对焦、设置菜单、回放照片等操作。

在"触摸操作"菜单中，用户可以选择是否启用触摸操作功能，如果想在使用液晶显示屏或取景器拍摄时使用触摸操作，可以选择"开"选项。如果读者不习惯触摸的操作方式，则可以选择"关"选项，从而使用传统的按钮操作方式。

❶ 在**设置菜单 2** 中选择**触摸操作**选项

❷ 按下▼或▲方向键选择**开**或**关**选项

设置触摸屏/触摸板操作

SONY α7RⅢ在使用液晶显示屏拍摄时，使用的触摸操作称为触摸屏操作，如果在使用取景器拍摄时，在液晶显示屏上的触摸操作称为触摸板操作。

"触摸操作"菜单就是用于设置是使用触摸屏操作还是使用触摸板操作。

❶ 在**设置菜单**3中选择**触摸屏/触摸板**选项

❷ 按下▼或▲方向键选择所需的选项

- ■触摸屏+触摸板：选择此选项，使用显示屏拍摄时的触摸屏操作和取景器拍摄时的触摸板操作均为有效。
- ■仅触摸屏：选择此选项，只有在使用液晶显示屏拍摄时，触摸屏的触摸操作有效。
- ■仅触摸板：选择此选项，只有在使用取景器拍摄时，触摸板的触摸操作有效。

触摸板设置

当启用相机的触摸板操作功能后，在"触摸板设置"菜单中可以详细设置触摸板的操作方向、触摸定位和操作区域。

❶ 在**设置菜单**3中选择**触摸板设置**选项

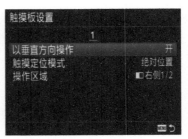

❷ 按下▼或▲方向键选择所需的选项

❸ 如果在步骤中❷选择了**以垂直方向操作**选项，按下▼或▲方向键选择**开**或**关**选项

❹ 如果在步骤中❷选择了**触摸定位模式**选项，按下▼或▲方向键选择**绝对位置**或**相对位置**选项

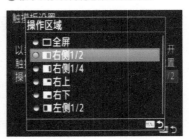

❺ 如果在步骤中❷选择了**操作区域**选项，按下▼或▲方向键选择所需的触摸板操作区域选项

- ■以垂直方向操作：设置在使用取景器竖向取景时，是否启用触摸板操作。选择"关"选项，可以防止拍摄中鼻子触碰显示屏导致错误操作的情况出现。
- ■触摸定位模式：选择"绝对位置"选项，可以更快地移动对焦框，通过触控某一个位置，即可将对焦框移动到该位置；选择"相对位置"则可以根据触控操作时的拖动方向和移动量，来移动对焦框到所需位置。
- ■操作区域：设置用于可以触摸操作的区域。限制操作区域可以防止鼻子等触碰显示屏导致错误操作。

设置显示屏亮度

通常应将液晶显示屏的明暗调整到与最后的画面效果接近的亮度，以便于查看所拍摄照片的效果，并可随时调整相机设置，从而得到曝光合适的画面。

在环境光线较暗的地方拍摄时，为了方便查看，还可以将液晶显示屏的显示亮度调低一些，不仅能够保证清晰地显示照片，还能够节电。

液晶显示屏的亮度可以根据个人的喜好进行设置。为了避免曝光错误，建议不要过分依赖液晶显示屏的显示，要养成查看柱状图的习惯。如果希望液晶显示屏上显示的照片效果与计算机显示器的显示效果接近或相符，可以在相机及计算机上浏览同一张照片，然后按照视觉效果调整相机液晶显示屏的亮度，前提是要确认显示器显示的结果是正确的。

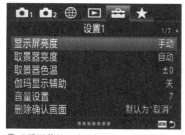
❶ 在**设置菜单 1** 中选择**显示屏亮度**选项

❷ 在**亮度设置**菜单下，按下控制拨轮中央按钮，然后按下▼或▲方向键选择**手动**或**晴朗天气**选项

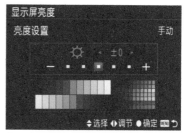
❸ 在**手动**选项下，按下▼方向键选择亮度设置框，按下◀或▶方向键调整数值

设置取景器亮度

除液晶显示屏的亮度可以调整外，SONY α7RⅢ相机取景器的显示亮度也是可调的。调整时需要观看取景器，然后选择"取景器亮度"选项，此选项中包含"自动""手动"两个选项。当选择"自动"选项时，则相机根据被摄体的亮度自动调节取景器的亮度。

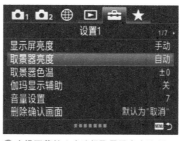
❶ 在**设置菜单 1** 中选择**取景器亮度**选项

❷ 将出现此提示信息，然后看着取景器进行设置

设置镜头补偿

利用 SONY α7RⅢ提供的"镜头补偿"功能可以自动对镜头的周边阴影、色差和失真（仅限于对应自动补偿的镜头）现象进行补偿。

阴影补偿

当使用广角镜头或镜头的广角端拍摄，以及给镜头安装了滤镜或遮光罩时，都可能造成拍出的照片四周出现亮度比中间部分暗的情况，即所谓的暗角现象。利用 SONY α7RⅢ提供的"阴影补偿"功能可以校正这种暗角现象。

 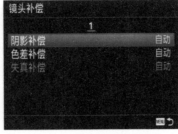 

❶ 在**拍摄设置 1 菜单**的第 2 页中选择**镜头补偿**选项

❷ 按下▼或▲方向键选择**阴影补偿**选项

❸ 按下▼或▲方向键选择所需选项

■自动：选择此选项，由于所使用的镜头导致画面出现暗角时，相机会自动补偿亮度来校正暗角现象。

■关：选择此选项，相机不会自动补偿亮度，画面保留暗角现象。

高手点拨

其实很多摄影爱好者喜欢在后期为照片加上暗角，以营造出另类或梦幻的风格。若拍摄者有此喜好，则完全可以在拍摄前将"阴影补偿"设置为"关"，以保留这种暗角。

▲ 将"阴影补偿"设置为"关"拍摄的效果

▲ 将"阴影补偿"设置为"自动"拍摄的效果

色差补偿

色差指的是在拍摄高反差对象（如逆光拍摄或画面中有反光点）时，在物体边缘或反光点的边缘会出现青边、红边或紫边的现象。当发现照片边缘出现这种色差现象时，可以利用此功能来自动校正色差。

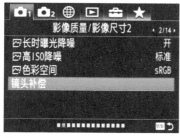
① 在**拍摄设置 1 菜单**的第 2 页中选择**镜头补偿**选项

② 按下▼或▲方向键选择**色差补偿**选项

③ 按下▼或▲方向键选择所需选项

▲ 将"色差补偿"设置为"关"拍摄的效果

▲ 将"色差补偿"设置为"自动"拍摄的效果

失真补偿

该 选项用于减轻使用广角镜头拍摄时出现的桶形失真和使用长焦镜头拍摄时出现的枕形失真现象。开启此功能后，取景器中可视区域的边缘在最终照片中可能会被裁切掉，并且处理照片所需时间可能会增加。

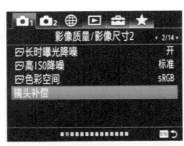

❶ 在**拍摄设置 1 菜单**的第 2 页中选择**镜头补偿**选项

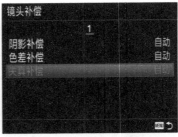

❷ 按下▼或▲方向键选择**失真补偿**选项，然后按下▼或▲方向键选择所需选项

开启"镜头补偿"功能可以有效地减轻镜头的失真现象（焦距：16mm　光圈：F9　快门速度：1/3s　感光度：ISO100）

Chapter 03
掌握与照片相关的操作与设置

焦距：55mm 光圈：F3.2 快门速度：1/200s 感光度：ISO100

掌握回放照片的基本操作

拍摄照片后，需要及时检查照片的对焦、曝光、构图等，如果发现不理想，可以立即重拍。这就需要摄影师掌握回放照片时，利用机身按钮进行放大、缩小、前翻、后翻及删除照片的操作方法。下面通过图示来说明通过SONY α7RⅢ的机身按钮回放照片的基本操作方法。

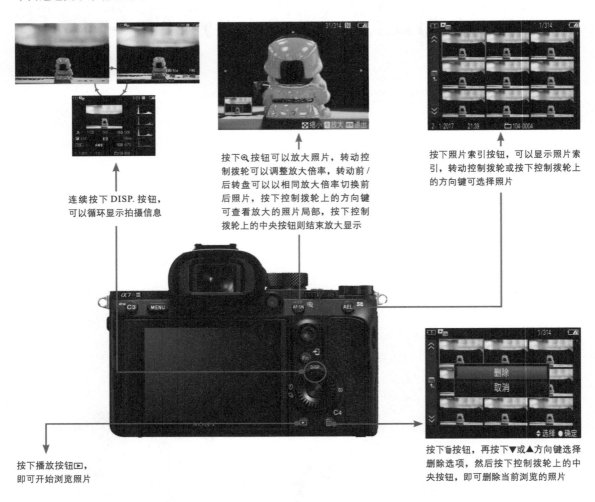

连续按下DISP.按钮，可以循环显示拍摄信息

按下⊕按钮可以放大照片，转动控制拨轮可以调整放大倍率，转动前/后转盘可以以相同放大倍率切换前后照片，按下控制拨轮上的方向键可查看放大的照片局部，按下控制拨轮上的中央按钮则结束放大显示

按下照片索引按钮，可以显示照片索引，转动控制拨轮或按下控制拨轮上的方向键可选择照片

按下播放按钮▶，即可开始浏览照片

按下⾯按钮，再按下▼或▲方向键选择删除选项，然后按下控制拨轮上的中央按钮，即可删除当前浏览的照片

认识播放状态下液晶显示屏显示的参数

在照片处于播放状态时，液晶显示屏上显示的信息如右图所示，通过这些信息可以较全面地了解所拍摄的照片。

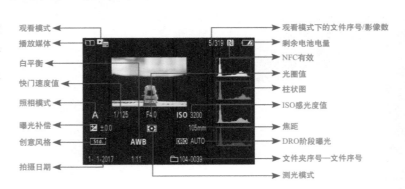

观看模式
播放媒体
白平衡
快门速度值
照相模式
曝光补偿
创意风格
拍摄日期

观看模式下的文件序号/影像数
剩余电池电量
NFC有效
光圈值
柱状图
ISO感光度值
焦距
DRO阶段曝光
文件夹序号—文件序号
测光模式

设置自动检视以控制显示时间

为了方便拍摄后立即查看拍摄结果，可以在"自动检视"选项中设置拍摄后在液晶显示器上显示照片的时间长度。

■2秒/5秒/10秒：选择不同的选项，可以控制相机显示照片的时长为2秒、5秒或10秒。

■关：选择此选项，拍摄完成后相机不会自动显示照片。

一般情况下，建议不要设置太长的自动检视时间，以免耽误时间，错失下一张照片的拍摄时机，尤其是在拍摄需要抓拍的题材时，建议选择"关"或"2秒"，这样不仅为快速进行下一次拍摄节省时间，还可以减少相机的电量消耗。当然，如果是拍摄像微距等需要精确对焦且不需抓紧时间拍摄的题材，则可以选择较长的自动检视时间，以便有充足的时间对照片的品质做出判断。

❶ 在**拍摄设置 2 菜单**的第 7 页中选择**自动检视**选项

❷ 按下▼或▲方向键选择照片的检视时间

▼ 在光线固定的棚内拍摄时，为了节省电量，将"自动检视"选项设置为"关"，只在需要的时候才手动检测拍摄效果（焦距：50mm　光圈：F5　快门速度：1/160s　感光度：ISO100）

高手点拨

如果拍摄现场环境变化不大，只需在开始拍摄时反复查看所拍摄的照片是否满意，如果不满意，可调整参数重新拍摄。而一旦确认了曝光、对焦方式等参数后，则不必每次拍摄后都显示并查看照片，此时，也可以通过此选项来关闭照片回放的操作。

在自动检视模式下浏览照片时，半按快门可快速回到拍摄画面。

选择播放媒体

此菜单用于设置当按下播放按钮时播放哪个存储卡里的照片。选择"插槽1"选项，则播放安装在插槽1中存储卡的照片。选择"插槽2"选项，则播放安装在插槽2中存储卡的照片。

❶ 在**播放菜单**3中选择**选择播放媒体**选项

❷ 按下▼或▲方向键选择一个选项，然后按下控制拨轮中央按钮确定

复制照片

当在相机中的两个存储卡插槽中都装有存储卡时，利用"复制"菜单，可以从用"选择播放媒体"菜单选中的存储卡向另一个插槽中的存储卡复制影像。当在菜单中选择"确定"选项后，播放中的日期或文件夹内的所有照片或视频都会被复制到另外一张存储卡中。

这一功能的主要作用是，当存储中存有较多的照片或视频时，而又不能第一时间导入到电脑或其他存储设备时，为了防止当前所选择的存储卡出现意外损坏的情况，可以利用此功能来起到文件备份的目的。

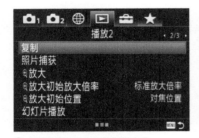

❶ 在**播放菜单**2中选择**复制**选项

❷ 按下▼或▲方向键选择**确定**选项，然后按下控制拨轮中央按钮

❸ 将出现复制开始提示对话框

▶ 对于拍摄这种光线非常唯美的场景时，拍完不妨利用"复制"功能备份一下（焦距：20mm　光圈：F12　快门速度：1/100s　感光度：ISO320）

设置"影像索引"一次性查看多张照片

随着摄影时代的到来，存储卡的容量越来越大，一张存储卡可能保存成千上万张照片，如果按逐张浏览的形式寻找所需要的照片，无疑耗时费力，还会大大消耗电池的电量。

在播放模式下，按下相机上的索引按钮🔲时，可切换为照片索引观看模式，快速浏览寻找照片。在这种观看模式下，一屏可以显示9张或25张照片。

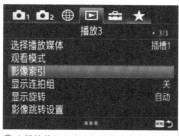
❶ 在**播放菜单3**中选择**影像索引**选项

❷ 按下▼或▲方向键选择**9张影像**或**25张影像**选项，然后按下控制拨轮中央按钮确定

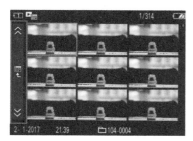

▲ 在9张或25张照片索引界面中，选择界面左侧图标并按下控制拨轮中央按钮，可以切换观看模式

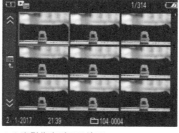
▲ 9张影像索引显示效果

▲ 25张影像索引显示效果

设置"观看模式"查看照片更省力

此选项用于设置当按下播放按钮时显示的照片或视频类型。

■日期视窗：选择此选项，则按日期显示所拍摄的照片。

■文件夹视窗（静态影像）：选择此选项，则只显示各个文件夹中的静态照片。

■AVCHD视窗：选择此选项，则只显示以AVCHD格式拍摄的动态视频。

■XAVC S HD视窗：选择此选项，则只显示以XAVC S HD格式拍摄的动态视频。

❶ 在**播放菜单3**中选择**观看模式**选项

❷ 按下▼或▲方向键选择一个选项

■XAVC S 4K视窗：选择此选项，则只显示以XAVC S 4K格式拍摄的动态视频。

删除不需要的照片

在删除照片时，既可以使用相机的删除按钮而逐个删除，也可以通过相机内部的"删除"选项进行批量删除。

■ 多个影像：选择此选项，可以选中单张或多张照片进行删除。

■ 该日期的全部影像：选择此选项，可以删除所选日期内的全部照片。

高手点拨

在"删除"菜单中所显示的选项，根据"观看模式"菜单的设置而不同。

❶ 在**播放菜单** 1 中选择**删除**选项

❷ 按下▼或▲方向键选择一个选项（此处以选择多个影像选项为例），然后按下控制拨轮中央按钮

❸ 按下◀或▶方向键选择要删除的照片，按下控制拨轮中央按钮添加勾选标记，然后按下 MENU 按钮确定

❹ 按下▼或▲方向键选择**确定**选项，然后按下控制拨轮中央按钮

设置"显示旋转"以便于查看

此选项用于设置在播放照片时，是否将竖拍照片旋转为竖向显示，以便于查看。

■ 自动：选择此选项，则在播放时自动旋转竖拍的照片。

■ 手动：选择此选项，则竖拍照片以竖向显示。但如果使用"旋转"选项手动调整了某些照片的旋转方向，则这些照片维持原旋转方向不变。

■ 关：选择此选项，则始终以横向显示竖拍照片。

❶ 在**播放菜单** 3 中选择**显示旋转**选项

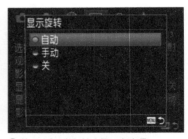
❷ 按下▼或▲方向键选择一个选项

▲ 选择**关**选项时竖拍照片的显示状态

▲ 选择**自动**选项时竖拍照片的显示状态

直接在相机中旋转照片

利用"旋转"功能可以直接在相机中旋转照片，通常对照片进行旋转等操作需要在后期处理软件中完成，但如果仅仅需要旋转照片，使用此功能就能够轻松解决问题。

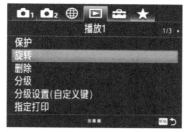

❶ 在**播放菜单** 1 中选择**旋转**选项

❷ 按下◀或▶方向键选择要旋转的照片

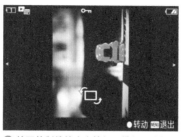

❸ 按下控制拨轮中央按钮，横向照片将向左旋转

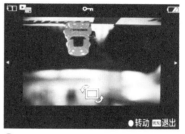

❹ 再次按下控制拨轮中央按钮，照片继续向左旋转

及时保护漂亮的照片

使用"保护"功能可以保护存储卡中重要的、优秀的作品，防止其被意外删除。被保护的照片会在屏幕上方出现一个〇m标记，表示该照片已被保护，无法使用相机的删除功能将其删除。

❶ 在**播放菜单** 1 中选择**保护**选项

❷ 按下▼或▲方向键选择一个选项，例如选择**多个影像**选项，然后按下控制拨轮中央按钮确定

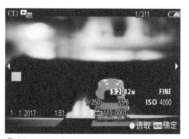

❸ 按下◀或▶方向键选择要保护的照片，然后按下控制拨轮中央按钮勾选此照片

❹ 可以重复步骤❸的操作，选择多张照片进行保护，选择完后按下 MENU 按钮

❺ 按下▼或▲方向键选择**确定**选项，然后按下控制拨轮中央按钮

高手点拨

如果对存储卡进行格式化，那么即使照片被保护，也会被删除。

照片捕获

使用"照片捕获"菜单可以从视频中选择所需的画面截出静止照片。对于经常变化的舞台表演、体育比赛等视频，从中想要保留一张精彩瞬间的照片时，此功能非常实用。在截取照片前，需要在播放状态下显示所要截取画面的视频，然后按下 MENU 按钮进入"照片捕获"菜单。

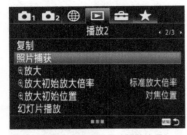
❶ 在**播放菜单 2** 中选择**照片捕获**选项

❷ 将显示视频，可以按照屏幕上右侧的指示图标进行快进、后退等操作

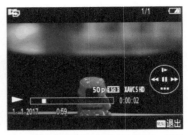
❸ 当播放到想要截出照片的画面时，按下控制拨轮中央按钮暂停，此时按下图标所示的▼方向键即可将当前画面保存为照片

▲ 从足球比赛视频中截取的多幅精彩瞬间的照片

焦距：24mm 光圈：F11 快门速度：1s 感光度：ISO100

Chapter 04

灵活使用照相模式
快速拍出好照片

智能自动模式 i📷

使用智能自动模式拍摄时，相机会自动分析被摄体并给出适合当前拍摄画面的参数设置，拍摄时只需要调整好构图，然后按下快门按钮，即可拍摄出满意的照片。

在智能自动模式下，相机可识别夜景🌙、三脚架夜景🌃、夜景肖像👤、背光🌅、背光肖像👥、肖像👤、风景🏔、微距🌷、聚光灯💡、低照明条件🕯、婴儿👶 11 种场景，当相机识别到场景时，场景识别图标和指示会出现在画面中。

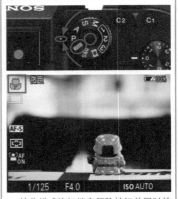

▲ 按住模式旋钮锁定解除按钮并同时转动模式旋钮，使 AUTO 图标对齐左侧的白色标志处，即可选择智能自动模式。在智能自动模式下，相机可以识别当前拍摄环境，然后以相应的场景模式进行拍摄 📷

▼ 使用自动模式可以轻松应对多种拍摄场景，由相机自动控制曝光，摄影者只需专注于构图、拍摄即可，非常适合初学者使用（焦距：80mm 光圈：F5 快门速度：1/80s 感光度：ISO800）

程序自动模式 P

使用此照相模式拍摄时，相机会基于一套算法自动确定光圈与快门速度组合。通常，相机会自动选择一种适合手持拍摄并且不受相机抖动影响的快门速度，同时还会调整光圈以得到合适的景深，从而确保所有景物都能清晰呈现。

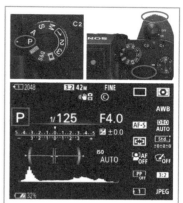

使用程序自动模式拍摄时，摄影师仍然可以设置 ISO 感光度、创意风格、曝光补偿等参数。此模式的最大优点是操作简单、快捷，适合拍摄快照或那些不用十分注重曝光控制的场景，例如新闻、纪实摄影或进行抓拍、自拍等。

在 P 模式下，半按快门按钮，然后转动前 / 后转盘可以选择不同的快门速度与光圈组合，虽然光圈与快门速度的数值发生了变化，但这些快门速度与光圈组合都可以得到同样的曝光量。

▲ 按住模式旋钮锁定解除按钮并同时转动模式旋钮，使 P 图标对齐左侧的白色标志处，即可选择程序自动模式。在 P 模式下的合焦状态下转动前 / 后转盘，可以选择光圈值和快门速度的组合 📷

▼ 使用程序自动模式在旅游途中抓拍大巴旁边的母女（焦距：200mm　光圈：F4　快门速度：1/250s　感光度：ISO100）

快门优先模式 **S**

在快门优先模式下，拍摄者可以自主设定快门速度，相机会自动计算光圈的大小，以获得正确的曝光组合。

较高的快门速度可以凝固运动主体的动作或精彩瞬间，如运动的人物或动物、行驶的汽车、浪花等；较慢的快门速度可以形成模糊效果，从而产生动感，如夜间的车流、如丝般的流水。

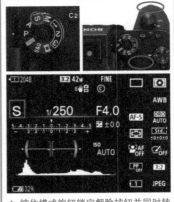

▲ 按住模式旋钮锁定解除按钮并同时转动模式旋钮，使 S 图标对齐左侧的白色标志处，即可选择快门优先模式。在 S 模式下，转动前/后转盘可以选择快门速度值

▲ 使用快门优先模式并设置较高的快门速度，从而抓拍到了两只猫打闹的精彩瞬间（焦距：200mm 光圈：F4 快门速度：1/500s 感光度：ISO200）

▲ 使用快门优先模式并设置较低的快门速度，将海水拍成如雾状的效果，表现大海的宁静感（焦距：18mm 光圈：F20 快门速度：1/3s 感光度：ISO100）

光圈优先模式 A

在光圈优先模式下，相机会根据当前设置的光圈大小自动计算出合适的快门速度。

使用光圈优先模式可以控制画面的景深，在同样的拍摄距离下，光圈越大，则景深越小，画面中的前景、背景的虚化效果就越好；反之，光圈越小，则景深越大，画面中的前景、背景的清晰度就越高。

▲ 使用较小光圈拍摄的乡村风景，画面有足够大的景深，层次很丰富（焦距：18mm 光圈：F10 快门速度：1/100s 感光度：ISO200）

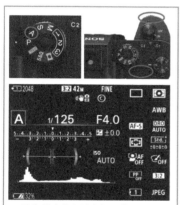

▲ 按住模式旋钮锁定解除按钮并同时转动模式旋钮，使 A 图标对齐左侧的白色标志处，即可选择光圈优先模式。在 A 模式下，转动前 / 后转盘可以选择光圈值 📷

高手点拨

如果设置后得不到合适的曝光，在将快门按钮按下一半时，快门速度值会闪烁。虽然同样可以拍摄，但是拍摄出来照片的曝光通常是不正确的。

▶ 采用光圈优先模式并配合大光圈的运用，可以得到非常漂亮的背景虚化效果，使人物更突出（焦距：85mm 光圈：F2.8 快门速度：1/180s 感光度：ISO200）

全手动模式 M

在全手动模式下，所有拍摄参数都由摄影师手动进行设置，使用此模式拍摄有以下优点：

首先，使用 M 挡全手动模式拍摄时，当摄影师设置好恰当的光圈、快门速度数值后，即使移动镜头进行重新构图，光圈与快门速度数值也不会发生变化。

其次，使用其他照相模式拍摄时，往往需要根据场景的亮度，在测光后进行曝光补偿操作；而在 M 挡全手动模式下，由于光圈与快门速度值都是由摄影师手动设定的，因此设定的同时就可以将曝光补偿考虑在内，从而省略了曝光补偿的设置过程。因此，在全手动模式下，摄影师可以按自己的想法让照片曝光不足，以使照片显得较暗，给人忧伤的感觉；或者让照片稍微过曝，从而拍摄出明快的高调照片。

使用 M 挡全手动模式拍摄时，可通过转动后转盘来设置快门速度、转动前转盘来设置光圈值。

▲ 在影棚内拍摄人像，虽然拍摄场景与模特的姿势不同，但由于光线是恒定的，所拍出的画面也没有太大的明暗变化，因此使用 M 挡全手动模式可以更方便、快捷地进行拍摄

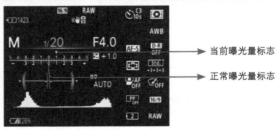

当前曝光量标志

正常曝光量标志

▲ 取景器显示界面

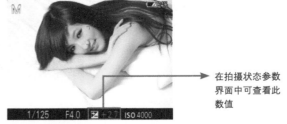

在拍摄状态参数界面中可查看此数值

▲ 拍摄状态参数界面

B门模式

使用 B 门模式拍摄时，持续地完全按下快门按钮时快门将保持打开，直到松开快门按钮时快门被关闭，即完成整个曝光过程，因此曝光时间取决于快门按钮被按下与被释放的过程。

B 门模式特别适合拍摄光绘、天体、焰火等需要长时间曝光并手动控制曝光时间的题材。为了避免画面模糊，使用 B 门模式拍摄时，应该使用三脚架及遥控快门线。

包括 SONY α7RⅢ在内的所有数码微单相机，都只支持最低 30s 的快门速度，也就是说，如果曝光时间比 30s 更长，只能利用 B 门模式手动控制曝光时间。

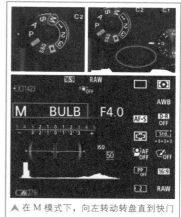

▲ 在 M 模式下，向左转动转盘直到快门速度显示为 BULB，即可切换至 B 门模式

高手点拨

当使用丰富色调黑白照片效果、自动HDR功能、连拍、定时连拍、连续阶段曝光及静音拍摄时，都无法将快门速度设定为BULB。如果在B门模式下启用了这些功能，快门速度会暂时变成30秒。

▼ 通过 30s 的长时间曝光，拍摄到了华丽的车流灯光轨迹（焦距：18mm　光圈：F18　快门速度：30s　感光度：ISO100）

调出存储模式（1、2、3）

SONY α7RⅢ相机提供的调出存储模式，在模式旋钮上显示为 1、2、3，可以注册照相模式、光圈值、快门速度值、ISO、拍摄模式、对焦模式、测光模式、创意风格等常用参数设置，先对这些项目进行设置，从而保存一些拍摄某类题材常用的参数设置，然后在拍摄此类题材时，将模式旋钮调至相应的序号图标即可快速调出。

例如，若经常拍摄人像题材，可以设置肖像创意风格、中心测光模式，将光圈设置为 F2.8，感光度为 ISO100，将这些参数保存为序号 1。

而对于经常拍摄风光的读者而言，也可以将光圈设置为常用的 F8，并设置常用的测光模式、创意风格、纵横比、感光度等参数，将这些参数保存为序号 2。

保存相机设定至调出存储模式的操作方法如下：

① 将模式旋钮转至想要保存的照相模式图标。

② 根据需要调整常用的设定，如光圈、快门速度、ISO 感光度、曝光补偿、对焦模式、对焦区域模式、测光模式等功能的设定。

③ 按下 MENU 按钮显示菜单。在"拍摄设置 1 菜单"的第 3 页选择"MR📷1/📷2存储"选项，然后按下控制拨轮中央按钮。

④ 按下◀或▶方向键选择 1、2、3 的保存序号，然后按下控制拨轮中央按钮，即可将上述设定指定给模式旋钮上的 1、2、3。

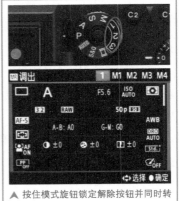

▲ 按住模式旋钮锁定解除按钮并同时转动模式旋钮至 1、2 或 3 序号，即可调出注册在该序号下的设置

❶ 在**拍摄设置 1 菜单**的第 3 页中选择 **MR📷1/📷2存储**选项

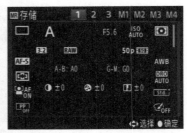

❷ 屏幕上会显示当前相机的设置，按下◀或▶方向键选择要保存的序号，然后按下控制拨轮中央按钮确认

高手点拨

若在存储菜单中选择保存序号时，按下◀或▶方向键选择了 M1~M4 序号，那么，将会保存设置到存储卡，拍摄时将模式旋钮旋转至"1""2"或"3"，然后按下◀或▶方向键选择想要调出的号码，即可调出该号码保存的设置。

▲ 调出存储模式使用起来很方便，可以省去设置一些参数的步骤（焦距：18mm　光圈：F18　快门速度：30s　感光度：ISO100）

Chapter <u>05</u>

掌握曝光参数设定及曝光技法

焦距：16mm 光圈：F5 快门速度：1.6s 感光度：ISO400

设置光圈控制曝光与景深

光圈的结构

光圈是相机镜头内部的一个组件，它由许多片金属薄片组成，金属薄片可以活动，通过改变它的开启程度可以控制进入镜头光线的多少。光圈开启越大，通光量就越多；开启越小，通光量就越少。可以仔细对着镜头观察选择不同光圈时叶片大小的变化。

▲ 光圈部件

光圈值的表现形式

光圈值用字母 F 或 f 表示，如 F8、f/8。常见的光圈值有 F1.4、F2、F2.8、F4、F5.6、F8、F11、F16、F22、F32、F36 等，相邻两挡光圈间的通光量相差一倍，光圈值的变化是 1.4 倍，每递进一挡光圈，光圈口径就不断缩小，通光量也逐挡减半。例如，F2 光圈的进光量是 F2.8 的一倍，但在数值上，后者是前者的 1.4 倍，这也是各挡光圈值变化的规律。

高手点拨

虽然光圈数值是在相机上设置的，但实际上，其可调整的范围却是由镜头决定的，即镜头支持的最大及最小光圈，就是在相机上可以设置的上限和下限。

镜头支持的光圈越大，则在同一时间内就可以纳入更多的光线，从而允许我们在弱光环境下进行拍摄——当然，光圈越大的镜头，其价格越是不菲。另外，对大多数镜头来说，当将光圈缩小至F16以后，画质就会出现较明显的下降，因此在拍摄时应尽量少用。

拍摄单枝花卉时，可以使用大光圈将背景虚化以突出花朵（焦距：60mm 光圈：F3.2 快门速度：1/1000s 感光度：ISO200）

光圈对曝光的影响

在其他参数不变的情况下，光圈增大一挡，则曝光量提高一倍，例如光圈从 F4 增大至 F2.8，即可增加一倍的曝光量；反之，光圈减小一挡，则曝光量也随之降低一半。下面展示的是 3 张在相同焦距、快门速度、感光度下拍摄的照片。

通过上面的照片可以看出，在焦距、快门速度、感光度不变的情况下，随着拍摄时所使用的光圈不断缩小，曝光量也随之降低，因此画面越来越暗。

光圈对景深的影响

光圈是控制景深（背景虚化程度）的重要因素。即在其他因素不变的情况下，光圈越大，则景深越小，反之光圈越小则景深越大。在拍摄时想通过控制景深来使自己的作品更有艺术效果，就要合理使用大光圈和小光圈。

在所有微单数码相机中，都有一个光圈优先模式，配合上面的理论，通过调整光圈数值的大小，即可拍摄不同的对象或表现不同的主题。例如，大光圈主要用于人像摄影、微距摄影，通过模糊背景来有效地突出主体；小光圈主要用于风景摄影、建筑摄影、纪实摄影等，大景深让画面中的所有景物都能清晰再现。

▲ 焦距：90mm　光圈：F3.5　快门速度：1/40s　感光度：ISO800

▲ 焦距：90mm　光圈：F8　快门速度：1/8s　感光度：ISO800

▲ 焦距：90mm　光圈：F20　快门速度：8s　感光度：ISO800

对比这一组照片可以看出，在焦距、感光度不变的情况下，随着拍摄时使用的光圈不断缩小，快门速度也随之变慢，虽然画面整体曝光量不变，但画面中的背景却逐渐变得清晰起来。

设置快门速度控制曝光时间

简单来说，快门的作用就是控制曝光时间的长短。在按动快门按钮时，从快门前帘开始移动到后帘结束所用的时间就是快门速度，这段时间实际上也就是电子感光元件的曝光时间。所以快门速度决定曝光时间的长短，快门速度越快，则曝光时间越短，曝光量就越少；快门速度越慢，则曝光时间越长，曝光量就越多。

快门速度以秒为单位，入门级及中端数码微单相机的快门速度通常在 1/4000s~30s ，而 SONY α7RIII相机的最高快门速度达到了 1/8000s，已经可以满足几乎所有拍摄题材和场景的需求。

常见的快门速度有 15s、8s、4s、2s、1s、1/2s、1/4s、1/8s、1/15s、1/30s、1/60s、1/125s、1/250s、1/500s、1/1000s、1/2000s、1/4000s、1/8000s 等。

画面变暗　　　　　　　　　　　　　　　　　　　　　画面变亮

对比这一组照片可以看出，在焦距、光圈、感光度不变的情况下，当快门速度从 1/13s 降低至 1/4s 时，由于曝光时间越来越长，曝光越来越充分，画面也变得越来越亮。

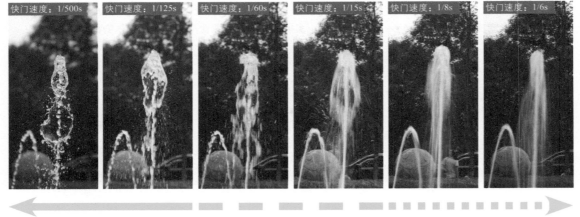

变清晰　　　　　　　　　　运动的主体　　　　　　　　　　变模糊

对比这一组照片可以看出，在焦距、感光度不变的情况下，当快门速度由 1/500s 降低至 1/6s 时，画面中向上涌起的水珠也由清晰定格变得越来越模糊。

设置感光度控制照片品质

$数$ 码相机的感光度概念是从传统胶片感光度引入的，它是用不同的感光度数值来表示感光元件对光线的敏感程度的，即在相同条件下，感光度越高，相机感光元件获得光线的数量也就越多。

但感光度越高，产生的噪点就越多，而低感光度画面则清晰、细腻，细节表现较好。

SONY α7RⅢ作为全画幅数码微单相机，在感光度的控制方面非常优秀。其感光度范围为 ISO50~ISO102400，在光线充足的情况下，一般使用 ISO100 的设置即可。

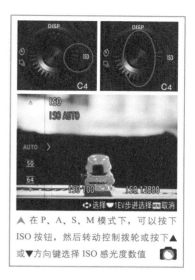

▲ 在 P、A、S、M 模式下，可以按下 ISO 按钮，然后转动控制拨轮或按下▲或▼方向键选择 ISO 感光度数值

▲ 感光度：ISO100

▲ 感光度：ISO200

▲ 感光度：ISO320

通过对比这 3 张照片可以看出，在焦距、光圈、快门速度不变的情况下，随着感光度增大，由于感光元件对光线越来越敏感，因此画面也越来越亮。

▲ 快门速度：1/8s　感光度：ISO100

▲ 快门速度：1/250s　感光度：ISO3200

▲ 快门速度：1/1000s　感光度：ISO12800

通过对比这 3 张照片可以看出，在焦距、光圈不变的情况下，随着感光度数值的增大，快门速度也随之变化，虽然画面的整体曝光量不变，但噪点却越来越多。

SONY α7RⅢ实用感光度范围

对于 SONY α7RⅢ来说，当使用 ISO800 以下的感光度拍摄时，均能获得出色的画质；当使用 ISO1600~ISO6400 的感光度拍摄时，画面的画质比低感光度时有所降低，但是依旧可以用良好来形容；当使用 ISO6400~ISO12800 的感光度拍摄时，画面中会出现明显的噪点，尤其是在弱光环境下表现得更为明显。

◀ 在拍摄夜景时，使用低感光度才能得到比较高的画质，但同时快门速度会比较低，因此要特别注意使用三脚架保持相机的稳定（焦距：16mm 光圈：F7.1 快门速度：6s 感光度：ISO100）

使用高感光度捕捉运动的对象

在拍摄动物等运动的对象时，除非其处于静止状态，否则都应该用高速快门来捕捉其或精彩、或难得一见的瞬间动态。使用高速快门的必备条件之一就是曝光要充分，如果拍摄时光线充足，采用这种拍摄技法并非难事；但如果摄影师身处密林之中或室内，则光线会相对较暗，此时就需要使用高感光度来提高快门速度，以"先拍到，后拍好"为原则进行抓拍。

▶ 为了捕捉海豚表演的精彩瞬间，特意将感光度设置到了ISO1000，以提高快门速度（焦距：200mm　光圈：F5.6　快门速度：1/800s　感光度：ISO1000）

使用低感光度拍摄丝滑的水流

在风光摄影佳片中经常见到丝般的溪流、瀑布、海浪效果，要拍摄这样的照片，首先要将快门速度设置为一个较低的数值，然后再进行测光、构图、拍摄。

例如用 1/4s~2s 的快门速度拍摄溪流，就能够得到不错的画面效果，但如果拍摄时光线非常充分，则即使使用最小的光圈，快门速度也可能仍然较高，从而无法拍摄出丝质般的流水效果。此时可以将 ISO 感光度数值设置为最低的数值（ISO50），从而降低快门速度。如果按此方法仍然无法拍摄出丝质般的流水效果，则要考虑在镜头前加装中灰镜。

▲ 在拍摄林间小溪时，为了降低快门速度，拍摄时使用了 ISO50 的感光度，从而获得了非常梦幻的水流效果，使画面更显诗情画意（焦距：30mm　光圈：F16　快门速度：2.5s　感光度：ISO50）

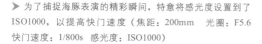
高手点拨

当快门速度较低时，一定要使用三脚架或将相机放在较平坦的地方，使用遥控器进行拍摄，最次也要持稳相机倚靠在树上或石头上，以尽量保证拍摄时相机保持稳定。

对照片进行降噪以获得高画质

利用"高ISO降噪"功能减少噪点

SONY α7RIII相机在高 ISO 感光度噪点控制方面较为出色。在使用高感光度拍摄时，画面中会出现一定的噪点，此时就可以通过"高 ISO 降噪"功能对噪点进行不同程度的消减。

■标准：选择此选项，则执行标准降噪幅度，照片的画质会略受影响，适用于采用JPEG 格式保存照片的情况。

■低：选择此选项，则降噪幅度较小，适用于直接采用JPEG格式保存照片且对照片不做调整的情况。

■关：选择此选项，则不对照片进行降噪。

❶ 在**拍摄设置 1 菜单**的第 2 页中选择**高 ISO 降噪**选项

> **Q 为什么在提高感光度时画面会出现噪点？**
>
> **A** 数码微单相机感光元件的感光度最低值通常是 ISO100 或 ISO200，这是数码微单相机的基准感光度。如果要提高感光度，就必须通过相机内部的放大器来实现，因为 CCD 和 CMOS 等感光元件的感光度是固定的。当相机内部的放大器在工作时，相机内部电子元器件间的电磁干扰就会增加，从而使相机的感光元件出现错误曝光的问题，其结果就是画面中出现噪点，与此同时相机宽容度的动态范围也会变小。

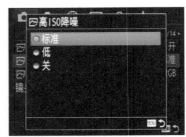

❷ 按下▼或▲方向键选择所需选项

▼ 虽然使用"高 ISO 降噪"功能减少噪点后，照片的细节略有损失，但从整体上看效果还算不错（焦距：16mm 光圈：F11 快门速度：1/100s 感光度：ISO800）

利用"长时曝光降噪"功能获得纯净画质

在 使用1秒或更长的曝光时间拍摄时,利用"长时曝光降噪"功能可以明显减少噪点,从而获得画质更纯净的照片。

■开:选择此选项,相机在完成曝光后,会立即对照片进行降噪处理,在处理期间无法拍摄其他照片。

■关:选择此选项,在任何情况下都不执行"长时曝光降噪"功能。

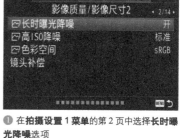

❶ 在**拍摄设置1菜单**的第2页中选择**长时曝光降噪**选项

> 📷 **为什么开启降噪功能后的拍摄时间,是未开启此功能时拍摄时间的两倍?**
>
> A 这是由于在"长时间曝光降噪"功能处于开启的情况下,相机需要在快门未开启时,以相同的曝光时间拍摄出一张有噪点的"空白"照片,并根据此照片中的噪点位置,去除上一张照片中的噪点,经过比对后,两张照片中位置相同的噪点将被去除。因此,开启此功能后,降噪的过程要用相同的拍摄时间。
>
> 了解了这一过程后也就明白了,为什么使用此功能无法去除画面中的全部噪点,因为有些噪点出现的位置是随机的,这样的噪点不会被去除。另外,在去除噪点时,相机不可避免地会出现误判,导致照片中构成画面细节的像素也被删除了,因此开启此功能后,画面的细节会有损失。

❷ 按下▼或▲方向键选择**开**或**关**选项

▼ 在拍摄夜景时虽然使用了较长的曝光时间,但由于启用了"长时曝光降噪"功能,因此画面中并没有明显的噪点(局部放大见右上角小图)(焦距:20mm 光圈:F20 快门速度:10s 感光度:ISO100)

高手点拨

如果启用了"长时曝光降噪"功能,而没有起作用,那么就应该查看相机设置,在使用连拍或连续阶段曝光拍摄模式时,即使启用了"长时曝光降噪"功能,也不会对照片进行降噪;根据拍摄条件的不同,当快门速度为1秒以上时也有可能不进行降噪处理。

当使用智能自动照相模式时,无法关闭"长时曝光降噪"功能。

设置曝光补偿以获得正确曝光

理解曝光补偿

由于数码微单相机是利用一套程序来对不同的拍摄场景进行测光的，因此在拍摄一些极端环境，如在较亮的白雪场景或较暗的弱光环境中拍摄时，往往会出现偏差。为了避免这种情况的发生，需要通过增加或减少曝光补偿使所拍摄景物的亮度、色彩得到较好的还原。

另外，由于传统相机胶卷的宽容度比较大，即使曝光设置有一定的偏差，曝光结果也不会有很大问题；而数码相机感光元件的宽容度较小，因此轻微的曝光偏差就可能影响画面的整体效果。

所以，为了避免这种情况的发生，就需要摄影师掌握曝光补偿的原理与设置方法。

SONY α7RⅢ的曝光补偿范围为 –5.0EV~+5.0EV，并可以以 0.3EV 或 0.5EV 为单位进行调节。

设置曝光补偿有如下两种方法：

（1）使用曝光补偿旋钮设置曝光补偿，不过此方法只能设置 –3.0EV~+3.0EV 的曝光补偿值，如右上图所示。

（2）使用菜单设置曝光补偿，如右图所示。

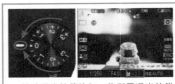

▲ 转动曝光补偿旋钮，将所需曝光补偿值对齐左侧白线处。选择正值将增加曝光补偿，照片变亮；选择负值将减少曝光补偿，照片变暗

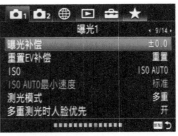

❶ 在**拍摄设置 1 菜单**的第 9 页中选择**曝光补偿**选项

❷ 按下◀或▶方向键选择所需曝光补偿值，然后按下控制拨轮上的中央按钮确定

▲ 在拍摄落日时，使用点测光模式测光并减少 1 挡曝光补偿，使画面明暗对比强烈，画面的色彩也很浓郁（焦距：70mm　光圈：F9　快门速度：1/200s　感光度：ISO200）

正确理解曝光补偿

许多摄影初学者在刚接触曝光补偿时，以为使用曝光补偿可以在曝光参数不变的情况下提亮或加暗画面，这是错误的认识。

实际上，曝光补偿是通过改变光圈或快门速度来提亮或加暗画面的。即在光圈优先模式下，如果增加曝光补偿，相机实际上是通过降低快门速度来实现的；反之，则是通过提高快门速度来实现的。

在快门优先模式下，如果增加曝光补偿，相机实际上是通过增大光圈来实现的（直至达到镜头所标识的最大光圈，因此当光圈达到镜头所标识的最大光圈时，曝光补偿就不再起作用）；反之，则是通过缩小光圈来实现的。

下面通过两组照片及其拍摄参数来佐证这一点。

▲ 焦距：100mm 光圈：F5 快门速度：1/40s 感光度：ISO800 曝光补偿：+1.3EV

▲ 焦距：100mm 光圈：F5 快门速度：1/60s 感光度：ISO800 曝光补偿：+0.7EV

▲ 焦距：100mm 光圈：F5 快门速度：1/100s 感光度：ISO800 曝光补偿：+0EV

▲ 焦距：100mm 光圈：F5 快门速度：1/160s 感光度：ISO800 曝光补偿：−0.7EV

从上面展示的 4 张照片中可以看出，在光圈优先模式下，改变曝光补偿实际上是改变了快门速度。

▲ 焦距：100mm 光圈：F8 快门速度：1/8s 感光度：ISO100 曝光补偿：−1EV

▲ 焦距：100mm 光圈：F6.3 快门速度：1/8s 感光度：ISO100 曝光补偿：−0.5EV

▲ 焦距：100mm 光圈：F4.5 快门速度：1/8s 感光度：ISO100 曝光补偿：+0.5EV

▲ 焦距：100mm 光圈：F4 快门速度：1/8s 感光度：ISO800 曝光补偿：+1EV

从上面展示的 4 张照片中可以看出，在快门优先模式下，改变曝光补偿实际上是改变了光圈大小。

判断曝光补偿的方向

曝光补偿有正向与负向之分，即增加与减少曝光补偿。针对不同的拍摄题材，在拍摄时一般可使用"白加黑减"口诀来判断是增加还是减少曝光补偿。

需要注意的是，"白加"中提到的"白"并不是指单纯的白色，而是泛指一切颜色看上去比较亮的、比较浅的景物，如雪、雾、白云、浅色的墙体、

亮黄色的衣服等；同理，"黑减"中提到的"黑"，也并不是单纯指黑色，而是泛指一切颜色看上去比较暗的、比较深的景物，如夜景、深蓝色的衣服、阴暗的树林、黑胡桃色的木器等。

因此，在拍摄时，若遇到了大面积的"白色"场景，就应该做正向曝光补偿；如果遇到的是大面积的"黑色"场景，就应该做负向曝光补偿。

◀ 由于画面中白色占的比例多，因此在拍摄时增加了一挡曝光补偿，使白色变得洁白，同时画面也会显得清新淡雅（焦距：50mm 光圈：F5.6 快门速度：1/125s 感光度：ISO200）

▼ 在拍摄落日余晖时，减少 0.7 挡曝光补偿更能凸显天空的绚丽色彩（焦距：20mm 光圈：F11 快门速度：1/160s 感光度：ISO200）

增加曝光补偿拍摄皮肤白皙的人像

在拍摄人像，尤其是拍摄儿童或美女人像时，通常都要将其皮肤拍得白皙一些，此时，可以在自动测光（如使用光圈优先模式）的基础上，适当增加半挡或2/3挡的曝光补偿，让皮肤获得充分的曝光，使其显得既白皙、光滑、细腻，而又不会过分苍白。

因为增加曝光补偿后，快门速度将降低，意味着相机可以吸收更多的光线，因此人像皮肤的曝光将更加充分。而其他区域的曝光可以不必太过顾虑，可以通过构图、背景虚化等手法，消除这些区域曝光过度的负面影响。

◀ 拍摄时增加了0.5挡曝光补偿，使少女的皮肤显得更加白皙（焦距：55mm 光圈：F2.8 快门速度：1/400s 感光度：ISO100）

增加曝光补偿拍摄白雪

拍摄雪景的难点在于如何使画面获得准确的曝光。由于雪地的反光较强，亮度通常是没有雪覆盖地面的几倍，而相机的内置测光表是以 18% 中性灰为标准进行测光的，较强的反射光会使测光数值降低 1 ～ 2 挡曝光量，因此，在保证不会曝光过度的情况下，可通过适当增加曝光补偿的方法来如实地还原白雪的明度。

在实际拍摄时，天气的阴晴、时间的早晚、阳光下或阴影中、光的方向与照射角度、雪地表面状况、雪地面积等因素，都可能使雪地的反光变得更加复杂，从而增加拍摄的难度，因此做多少曝光补偿应视上述情况而定。

如果在画面中有人物，则处在前景处的人脸和四周雪景的亮度差会比较大。在曝光时，如果照顾人的面部，则四周的雪景会曝光过度；反之，以雪景的亮度作为曝光依据，则人的面部又会曝光不足。因此，应该根据人脸与雪地的平均亮度确定曝光量。

▼ 在拍摄时增加一挡曝光补偿，将雪凇拍成真正的白色，画面显得更干净、素雅（焦距：50mm　光圈：F11　快门速度：1/125s　感光度：ISO100）

降低曝光补偿拍摄深色背景

如果被摄主体位于深色背景的前面，可以通过做负向曝光补偿以适当降低曝光量，将背景拍摄成深色甚至纯黑色，从而凸显前景处的被摄主体。

需要注意的是，拍摄时应该用点测光模式对准前景处被摄主体相对较亮的区域进行测光，从而保证被摄主体的曝光是准确的。

拍摄时需要设置的曝光补偿数值应视画面中深暗色背景的面积而定，面积越大，则曝光补偿的数值也应该设置得大一点。

▼ 使用点测光模式对老人背部的衬衣进行测光，并减少 0.5 挡曝光补偿，获得了较暗的背景，从而使其在画面中显得更加突出（焦距：200mm 光圈：F10 快门速度：1/320s 感光度：ISO400）

逆光拍摄时通过做负向曝光补偿拍出剪影或半剪影效果

迎着太阳逆光拍摄时，天空与地面的明暗反差较大，大光比画面会失去很多细节，此时通常要将画面拍成剪影效果。

合适的剪影能够使画面更具美感，形成剪影的对象，可以是树枝、飞鸟、建筑物、人群，也可以是茅草、礁石、小船，不同对象的剪影能够呈现不同的美感，为画面营造不同的氛围。

拍摄时应对着天空中的亮部测光，并通过做负向曝光补偿，使画面深暗区域的细节更少，即可形成明显的剪影或半剪影效果。

高手点拨

拍出的画面是呈剪影还是半剪影效果，取决于拍摄环境的光比与测光点的位置。光比越大，画面效果越接近于剪影；所选择测光点的位置越亮，画面效果也越接近于剪影。

▼ 逆光拍摄时对画面的亮部测光，然后做负向曝光补偿，使河边芦苇呈现为剪影效果，画面简洁但耐人寻味（焦距：70mm 光圈：F5.6 快门速度：1/400s 感光度：ISO100）

曝光标准调整

在摄影追求个性化的今天，有一些摄影师特别偏爱过曝或欠曝的照片，在他们的作品中几乎看不到正常曝光的作品。

在 SONY α7RⅢ中，可利用"曝光标准调整"菜单设置针对每一张照片都增加或减少一定的曝光补偿值，从而实现每一张照片均体现个性的目标。例如，可以设置拍摄过程中只要相机使用了多重测光模式，则每张照片均在正常测光值的基础上再增加一定数值的正向曝光补偿。

该菜单包含"多重""中心""点测光""整个屏幕平均""强光"5个选项。对于每种测光方式，均可在 –1EV~ +1EV 之间以 1/6EV 步长为增量进行微调。

❶ 在**拍摄设置 1 菜单**的第 10 页中选择**曝光标准调整**选项

❷ 在 5 种测光模式中选择一种进行微调

❸ 按下▼或▲方向键选择不同的数值，然后按下控制拨轮中央按钮确认

高手点拨

也可以根据自己的喜好来修改不同测光模式下需要增加或减少的曝光量。例如，在拍摄风光时，为了获得较浓郁的画面色彩，并在一定程度上避免曝光过度，通常会设置使用多重测光模式时，将在正常测光值的基础上降低0.3~0.7挡曝光补偿。利用此选项即可实现永久性设置，而不用每次使用多重测光模式时都要重新设置曝光补偿。

▼ 在光线转瞬即逝的黄昏拍摄时，通过设置微调优化曝光增加了 0.3 挡曝光补偿值，得到了地面层次丰富的画面（焦距：20mm 光圈：F11　快门速度：1/320s　感光度：ISO100）

使用"DRO/自动HDR"功能拍摄大光比画面

DRO（动态范围优化）

由于数码相机的宽容度有限，因此，在拍摄光比较大的画面时容易丢失细节。例如，在直射且明亮的阳光下拍摄时，照片中阴影区域或高光区域通常细节较少。

DRO（动态范围优化）功能的作用是降低画面反差，防止照片的高光区域完全变白而显示不出任何细节，同时避免阴影区域中的细节丢失，从而获得曝光均匀的照片。因此，适合在大光比或明暗反差较大的场景拍摄时使用。

开启DRO（动态范围优化）功能后，可以选择动态范围级别选项，以定义相机平衡高光与阴影区域的强度，包括"AUTO（自动）""Lv1~Lv5"和"OFF"选项。

当选择"AUTO（自动）"选项时，相机将根据拍摄环境对照片中各区域进行修改，确保画面的亮度和色调都有一定的细节。

所选择的动态范围级别数值越高，相机修改照片中高光与阴影区域的强度越大。

❶ 在**拍摄设置1菜单**的第12页中选择DRO/ 自动 HDR 选项

❷ 按下▼或▲方向键选择 DRO（**动态范围优化**）选项，按下◀或▶方向键选择最优化等级

高手点拨

拍摄时使用的动态范围级别越高，拍摄出来的照片中噪点越明显。

在启用照片效果、图片配置文件功能时无法使用动态范围优化功能；当记录设置菜单设置为"100p 100M""100p 60M"选项时，帧速率菜单设置为"100fps"选项时，无法使用"DRO/自动HDR"功能。

▼ 通过对比可以看出，未开启DRO时，画面对比强烈；而将动态范围级别设置为LV1、LV3时，画面对比较为明显；当将动态范围级别设置为LV5时，画面对比柔和，高光及阴影部分都有细节表现，但放大后查看会发现阴影部分出现了噪点

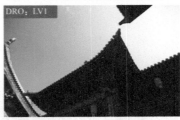

自动HDR

在拍摄大光比场景时，除了使用前面讲述的"DRO（动态范围优化）"功能，还可以通过将此场景拍摄成为 HDR 照片，来获得高光部分及暗调部分均有丰富细节的画面。

使用 SONY α7RⅢ的"自动 HDR"功能，即可以直接拍出 HDR 照片。其原理是先连续拍摄 3 张不同曝光量的照片，然后由相机进行图像合成，从而获得暗调与高光区域都能均匀显示细节的照片。

使用此功能时，需要设置"自动 HDR：曝光差异"选项，用于定义当前拍摄场景中高光部分与阴影部分的曝光等级，可选曝光等级范围为 1.0EV（弱）~6.0EV（强），所拍摄场景的明暗反差越大，选择的曝光等级就应该越高。

① 在**拍摄设置 1 菜单**的第 12 页中选择 DRO/ **自动** HDR 选项

② 按下▼或▲方向键选择**自动** HDR 选项，按下◀或▶方向键选择曝光差异等级

高手点拨

在使用"自动HDR"功能拍摄时，建议使用三脚架或尽量使相机保持稳定，避免拍摄（连拍3张）过程中重新构图，以保证拍出来的3张照片完全一样。还应注意被摄对象也应是静止的，否则会出现重影现象。"自动HDR"功能只适用于以JPEG格式保存的照片。当照片的存储格式被设置为RAW或RAW&JPEG时，则无法启用此功能。

▼ 采用顶光拍摄建筑时，背光位置的细节会淹没在阴影里，因此拍摄时使用了"自动HDR"功能，从而得到了这张亮部与暗部细节均相当出色的照片

通过柱状图判断曝光是否准确

柱状图又叫直方图，是用于表示相机曝光所捕获的色彩或影调的一种图示。

柱状图的作用

很多摄影爱好者都会陷入这样一个误区，液晶显示屏上显示的照片很棒，便以为真正的曝光效果也会不错，但事实并非如此。这是由于很多相机的液晶显示屏还处于出厂时的默认状态，液晶显示屏的对比度和亮度都比较高，令摄影者误以为拍摄到的照片很漂亮，倘若不看柱状图，往往会感觉照片曝光正合适，但在计算机屏幕上观看时，却发现拍摄时感觉还不错的照片，暗部层次却丢失了，即使使用后期处理软件挽回部分细节，效果也不是太好。

因此，在拍摄时摄影师要养成随时观看柱状图的习惯，这是唯一值得信赖的判断曝光是否正确的依据。

▲ 拍摄偏高调的照片时，利用柱状图能够更准确地判断画面是否过曝（焦距：35mm　光圈：F3.5　快门速度：1/500s　感光度：ISO320）

显示柱状图的方法

SONY α7RⅢ相机在拍摄和播放时都可以显示柱状图。在"DISP按钮"菜单中注册显示"柱状图"（详细操作见第2章）后，当需要查看柱状图时，通过反复按控制拨轮上的 DISP 按钮即可切换到柱状图显示状态。

▲ 按下控制拨轮上的 DISP 按钮直到显示柱状图界面（此处以拍摄时显示柱状图为例）

如何利用柱状图判断照片的曝光情况

柱状图的横轴表示亮度等级（从左至右分别对应黑与白），纵轴表示图像中各种亮度像素数量的多少，峰值越高则表示这个亮度的像素数量就越多。

所以，拍摄者可通过观看柱状图的显示状态来判断照片的曝光情况，若画面曝光不足或曝光过度，调整曝光参数后再进行拍摄，即可获得一张曝光准确的照片。

当曝光过度时，照片中会出现死白的区域，画面中的很多亮部细节都丢失了，反映在柱状图上就是像素主要集中于横轴的右端（最亮处），并出现像素溢出现象，即高光溢出，而左侧较暗的区域则无像素分布，故该照片在后期无法补救。

当曝光准确时，照片影调较为均匀，且高光、暗部或阴影处均无细节丢失，反映在柱状图上就是在整个横轴上从最黑的左端到最白的右端都有像素分布，后期可调整余地较大。

当曝光不足时，照片中会出现无细节的死黑区域，画面中丢失了过多的暗部细节，反映在柱状图上就是像素主要集中于横轴的左端（最暗处），并出现像素溢出现象，即暗部溢出，而右侧较亮区域少有像素分布，故该照片在后期也无法补救。

▲ 柱状图中线条偏左且溢出，说明画面曝光不足（焦距：55mm 光圈：F4 快门速度：1/60s 感光度：ISO200）

▲ 柱状图右侧溢出，说明画面中高光处曝光过度（焦距：35mm 光圈：F2.8 快门速度：1/100s 感光度：ISO400）

▲ 曝光正常的柱状图，画面明暗适中，色调分布均匀（焦距：85mm 光圈：F2 快门速度：1/1000s 感光度：ISO400）

不同影调照片柱状图的特点

理想的柱状图其实是相对的，照片类型不同，其柱状图形状也不同。以均匀照度下、中等反差的景物为例，准确曝光照片的柱状图两端没有像素溢出，线条分布均衡。下面结合实际图例进行分析。

曝光准确的中间调照片柱状图

曝光准确的中间调照片由于没有大面积的高亮与低暗区域，因此其柱状图的线条分布较为均衡，从柱状图的最左侧至最右侧通常都有线条分布，而线条出现最集中的地方是柱状图的中间位置。

▶ 曝光正常照片的柱状图，画面明暗适中，色调分布均匀（焦距：24mm　光圈：F5.6　快门速度：1/2500s　感光度：ISO200）

高调照片柱状图

高调照片有大面积浅色、亮色，反映在柱状图上就是像素基本上都出现在其右侧，左侧即使有像素，其数量也比较少。

画面中雪地的颜色以浅色为主，所以在柱状图中像素大多位于偏右位置（焦距：24mm　光圈：F8　快门速度：1/500s　感光度：ISO200）

高反差低调照片柱状图

由于高反差低调照片中的高亮区域虽然比低暗的阴影区域小，但仍然在画面中占有一定的比例，因此在柱状图上可以看到像素会在最左侧与最右侧出现，而大量的像素则集中在柱状图偏左侧的位置。

▶ 画面中人物剪影与明亮的水面反差很大，所以在柱状图中像素大多分布在偏两边的位置（焦距：135mm 光圈：F11 快门速度：1/800s 感光度：ISO400）

低反差低调照片柱状图

由于低反差低调照片中有大面积的暗调，而高光面积较小，因此在其柱状图上可以看到像素基本集中在左侧，而右侧的像素则较少。

▶ 此画面展现的是弱光下的北极光与地面，所以在柱状图中像素大多分布在中间偏左的位置（焦距：24mm 光圈：F2.8 快门速度：15s 感光度：ISO1600）

焦距：18mm 光圈：F16 快门速度：1/20s 感光度：ISO100

Chapter 06

掌握白平衡、色彩空间设定

利用白平衡校正照片偏色

认识白平衡

无论是在室外的阳光下，还是在室内的白炽灯光下，人的固有观念仍会将白色的物体视为白色，将红色的物体视为红色，我们有这种感觉是因为人的眼睛能够修正光源变化造成的色偏。实际上，当光源改变时，这些光的颜色也会发生变化，相机会精确地将这些变化记录在照片中，这样的照片在纠正之前看上去是偏色的，但其实这才是物体在当前环境中的真实色彩。

数码相机提供的白平衡功能，可以纠正不同光源下的偏色现象，使拍摄出来的照片与人眼经常看到的景物的色彩相符。

此外，还可以利用白平衡来营造画面的色调氛围，例如在拍摄日出日落时，使用阴影白平衡可以突出表现画面的暖色调。

SONY α7RⅢ提供了"预设白平衡""色温／滤光片"及"自定义白平衡"3类白平衡功能，以满足不同的拍摄需求。通常使用预设白平衡中的自动白平衡即可较好地还原景物色彩。

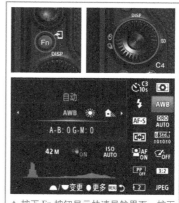

▲ 按下 Fn 按钮显示快速导航界面，按下 ◀、▶、▲、▼方向键选择白平衡模式图标，然后转动前转盘选择不同的白平衡模式

▼ 场景中的光线比较复杂，所以将白平衡设置为"色温／滤光片"模式进行拍摄，使天空和水面的颜色都得到了准确还原（焦距：24mm　光圈：F10　快门速度：1/5s　感光度：ISO100）

预设白平衡

SONY α7RⅢ预设了 11 种白平衡模式，可以满足大多数日常拍摄的需求，下面分别进行介绍。

白平衡模式	说明	适用场合	拍摄效果
自动白平衡	由相机根据光源情况自动校正照片色彩，具有非常高的准确率	在大部分场景下，都能够获得准确的色彩还原；也适用于需要快速拍摄的场景等	
日光白平衡	在日光下很容易拍出偏蓝或偏绿的效果，使用日光白平衡可以为画面增加不同程度的黄色，以得到较好的色彩还原	适用于空气较为通透或天空有少量薄云的晴天等	
阴影白平衡	在阴影处拍摄，光线色温较高，会产生不同程度的蓝色，即所谓的"阴影蓝"，使用阴影白平衡可以为画面增加黄色，从而消除偏色	适合在拍摄晴天的阴影时使用，如拍摄建筑物或大树下的阴影；或在拍摄特殊环境时使用，如拍摄日出、日落可获得漂亮的偏暖色效果	
阴天白平衡	阴天光线色温较高，照片容易偏冷，使用阴天白平衡可以为画面增加黄色以得到较好的色彩还原	适合在云层较厚的天气或阴天拍摄时使用；或在拍摄特殊环境时使用，如拍摄日出、日落可获得漂亮的偏暖色效果	
白炽灯白平衡	白炽灯光的色温较低，画面容易偏黄或偏红，采用白炽灯白平衡可以为画面增加蓝色，以得到较好的色彩还原	适合在某些室内环境拍摄时使用，如宴会、婚礼、舞台等	
暖白色荧光灯白平衡 冷白色荧光灯白平衡 日光白色荧光灯白平衡 日光荧光灯白平衡	在荧光灯下拍摄的画面很容易出现偏色的问题，且由于灯光光谱不连续的原因，而出现时而偏黄、时而偏绿等不同程度的偏色，选择此白平衡模式，相机会根据现场环境灯光的变化，增加蓝色或洋红色色调以消除偏色问题	适合在以荧光灯为主光源的环境中拍摄时使用，如日光灯、节能灯泡等。根据荧光灯颜色的不同，如冷白或暖黄等颜色的荧光灯，可以根据实际拍摄环境来选择白平衡模式。建议拍摄一张照片作为测试，以判断色彩还原是否准确	
闪光灯白平衡	使用闪光灯拍摄的画面与日光下拍摄的画面很接近，只是照片略微偏冷。使用闪光灯白平衡可以为画面增加黄色，以得到较好的色彩还原	在以闪光灯作为主光源时，能够获得较好的色彩还原。但要注意的是，不同的闪光灯，其色温值也不尽相同，因此还要通过实拍测试，才能确定色彩还原是否准确	
水下自动	利用水下自动白平衡拍出的画面偏冷，可很好地还原水下的颜色	真实再现水下的色彩	

高手点拨

在智能自动照相模式下，相机不能调整白平衡设定，只能使用自动白平衡。

如果需要时常变换白平衡，或担心选择错误的白平衡导致色彩还原出现误差，建议选择RAW 格式拍摄，以便在后期自由调整白平衡效果。在使用除自动白平衡外的其他白平衡后，建议及时将白平衡设置调整为自动白平衡，以免影响下次拍摄。如果总是忘记将白平衡调整回来，建议始终将其设为自动白平衡。

灵活设置自动平衡的优先级

SONY α7RⅢ相机的自动白平衡模式可以通过"AWB 优先级设置"菜单设置 3 种工作模式。此菜单的主要作用是设置当在室内白炽灯照射的环境中拍摄时，是环境氛围优先还是色彩还原优先，又或者两者兼顾。如果选择"环境"选项，那么自动白平衡模式能够较好地表现出所拍摄环境下色彩的氛围效果，拍出来的照片能够保留住环境中的暖色调，从而使画面具有温暖的氛围；而选择"白"选项，那么自动白平衡模式可以抑制灯光中的红色，准确地再现白色。

而选择"标准"选项，自动白平衡模式则由相机自动进行调整，从而获得色调和肤色相对平衡的照片。需要注意的是，三种不同的自动白平衡模式只有在色温较低的场景中才能表现出来，在其他条件下，使用三种自动白平衡模式拍摄出来的照片效果是一样的。

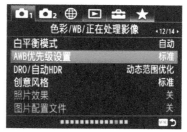

❶ 在**拍摄设置 1 菜单**的第 12 页中选择 **AWB 优先级设置**选项

❷ 按下▼或▲方向键选择所需的白平衡模式，然后按下控制拨轮中央按钮确定

◀ 选择"白色"自动白平衡模式可以抑制灯光中的红色，使照片中模特的皮肤显得白皙好看一些（焦距：55mm 光圈：F5 快门速度：1/160s 感光度：ISO100）

◀ 选择"环境"自动白平衡模式拍摄出来的照片暖调更明显一些（焦距：55mm 光圈：F5 快门速度：1/160s 感光度：ISO100）

微调白平衡

大 部分情况下，只需将白平衡模式设置为自动白平衡或预设白平衡，即可获得不错的色彩还原效果。但由于环境不同，拍出的效果也会略有差异。

如果需要，可以使用 SONY α7RⅢ的微调白平衡功能对所拍照片的色彩进行微调。微调白平衡的操作方法有两种：一是通过按下 Fn 按钮在导航界面中选择要微调的白平衡选项，按下控制拨轮上的▶方向键进入其微调操作界面，操作示意如右图所示；二是通过"拍摄设置 1 菜单"第 12 页中的"白平衡模式"选项来设置。

在微调界面中，按下◀方向键可以向蓝色（B）方向微调整，按下▶方向键可以向琥珀色（A）方向微调整；按下▲方向键可以向绿色（G）方向微调整，按下▼方向键可以向品红色（M）方向微调整。

▲ 按下 Fn 按钮显示快速导航界面，选择白平衡模式图标并按下控制拨轮中央按钮，按下▲或▼方向键选择一种白平衡模式，按下▶方向键进入其微调界面，在此界面中，按下◀、▶、▲、▼方向键可进行色彩偏移操作

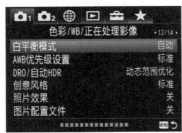

❶ 在**拍摄设置 1 菜单**的第 12 页中选择**白平衡模式**选项

❷ 按下▼或▲方向键选择所需的白平衡模式，然后按下▶方向键

❸ 按下◀、▶、▲、▼方向键向所需的色彩方向进行偏移，然后按下控制拨轮中央按钮保存设定

▲ 原图

▲ 向蓝色偏移

▲ 向绿色偏移

光线与色温

色温是一种温度衡量方法，通常用在物理学和天文学领域，这个概念基于一个虚构的黑色物体，在其被加热到不同的温度时会发出不同颜色的光，物体本身也会呈现为不同颜色。就像铁块被加热时，先变成红色，然后变为黄色，最后会变成白色。

使用这种方法标定的色温与普通大众所认为的"暖"和"冷"正好相反。例如，通常人们会感觉红色、橙色和黄色较暖，白色和蓝色较冷，而实际上红色的色温最低，橙色、黄色、白色的色温逐渐提高，蓝色的色温最高。

利用自然光拍摄时，由于不同时间段光线的色温并不相同，因此拍摄出来的照片色彩也并不相同。例如，在晴天拍摄时，由于光线的色温较高，因此照片偏冷色调；而如果在黄昏时拍摄，由于光线的色温较低，因此照片偏暖色调。利用人工光线拍摄时，也会出现由于光源类型不同，拍出的照片色调也不同的情况。

了解光线与色温之间的关系有助于摄影师在不同的光线下进行拍摄，预先估计出将会拍摄出什么色调的照片，并进一步考虑是要强化这种色调，还是减弱这种色调，在实际拍摄时应该利用相机的哪一种功能来强化或弱化这种色调。

▲ 拍摄时光线的色温较高，因此画面呈冷色调（焦距：50mm 光圈：F8 快门速度：6s 感光度：ISO400）

▲ 拍摄时光线的色温较低，因此画面呈暖色调（焦距：50mm 光圈：F8 快门速度：1/100s 感光度：ISO100）

调整色温/滤光片

通 过前面的讲解可知，无论是预设白平衡，还是自定义白平衡，其本质都是对色温的控制。预设白平衡的色温范围约为2700~8000K，只能满足日常拍摄的需求。而SONY α7RⅢ微单相机为色温调整白平衡模式提供了2500~9900K的调整范围。

因此，在对色温有更高、更细致的控制要求或希望得到更具个性化的画面色调时，可以通过手动调整色温值来实现。

手动调整色温有两种方法，第一种是使用机身按钮进行设置，其操作方法如右图所示；第二种是使用菜单进行设置，操作步骤如下图所示。

▲ 按下 Fn 按钮显示快速导航界面，选择白平衡模式并按下控制拨轮中央按钮，按下▲或▼方向键选择色温/滤光片选项，然后按下▶方向键进入色温值选择界面。

① 在**拍摄设置 1 菜单**的第 12 页中选择**白平衡模式**选项

② 按下▼或▲方向键选择**色温 / 滤光片**选项，然后按下▶方向键

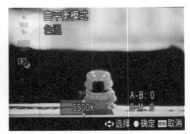

③ 按下▼或▲方向键选择想要使用的色温值，然后按下控制拨轮的中央按钮确定

▲ 在拍摄时可以通过手调色动调整来获得准确的色彩还原或创造不同的画面氛围

利用阴天白平衡拍出暖色调画面

日出前色温都比较高，画面呈冷调效果，这是使用自动白平衡拍摄得到的效果。此时，如果使用阴天白平衡模式，可以让画面呈现完全相反的暖色调效果，而且整体的色彩看起来也更加浓郁。

▲ 使用自动白平衡模式，画面呈现为冷色调

▲ 将白平衡设置成阴天模式，画面呈现为暖色调

调整色温拍出蓝调雪景

在拍摄蓝调雪景时，画面的最佳背景色莫过于蓝色，因为蓝色与白色的明暗反差较大，因此当蓝色映衬着白色时，白色会显得更白，这也是为什么许多城市的路牌都使用蓝底、白字的原因。

要拍出蓝调的雪景，拍摄时间应选择日出前或下午时分。日出前的光线仍然偏冷，因此可以拍摄出蓝调的白雪；下午时分光线相对透明，此时可以通过将色温设置为较低的数值，来获得色调偏冷的蓝调雪景。

▲ 低色温下拍摄雪景，画面呈现冷调效果，将寒冷的感觉表现得很突出（焦距：25mm 光圈：F9 快门速度：1/80s 感光度：ISO100）

拍摄蓝紫色调的夕阳

在 夕阳时分拍摄时，由于此时光线的色温较低，因此拍摄出来的画面呈暖色调效果；如果将白平衡模式设置为低色温值的荧光灯模式，则可以拍摄出蓝紫色调的画面效果，使落日看上去更绚丽。

▶ 使用低色温值的荧光灯白平衡模式拍出蓝紫色调的夕阳照片，给人一种梦幻、唯美的感觉（焦距：20mm 光圈：F20 快门速度：3s 感光度：ISO100）

选择恰当的白平衡获得强烈的暖调效果

夕阳时分的色温较低，光线呈现明显的暖调效果，此时如果使用色温较高的阴天白平衡模式，可强化这种暖调效果，让画面变得更暖。例如，常见的金色夕阳效果，通常就是使用这种白平衡模式拍摄得到的。

如果还想得到更暖的色调，则可以选择使用阴影白平衡模式，或通过手动调整色温的方式来提高色温值，从而得到色彩更加浓烈的暖调画面效果。

高手点拨

如果使用2500K或9900K这种极端的色温值拍摄，画面中的色彩可能会淤积在一起，从而导致细节的丢失。实拍结果表明，使用这种极端的色温值拍摄出的画面，其色彩的还原效果并不好，因此在拍摄时，我们应该根据实际情况选择恰当的色温或白平衡模式。

通过手动调整色温至8500K左右，获得了强烈的暖调画面效果（焦距：80mm 光圈：F8 快门速度：1/200s 感光度：ISO100）

使用白炽灯白平衡模式拍出冷暖对比强烈的画面

在拍摄有暖调灯光的夜景时，使用白炽灯白平衡可以让天空显得更冷一些，而暖色灯光仍然可以维持原来的暖色调，这样就能够在画面中形成鲜明的冷暖对比，既能够突出清冷的夜色，同时又能利用对比突出城市的繁华。

▲ 左图为使用自动白平衡模式拍摄的效果，右图是设置为白炽灯白平衡模式后拍摄的冷调照片，强烈的冷暖对比使画面更具视觉冲击力（焦距：21mm 光圈：F13 快门速度：25s 感光度：ISO200）

通过调节白平衡表现蓝调夜景

要拍摄蓝调夜空，应选择暮色刚至的时刻，这时天空的色彩饱和度较高，光线能勾勒出建筑物的轮廓，比起深夜来，这段时间的天空具有更丰富的色彩。拍摄时需要把握时间，并提前做好拍摄准备。如果错过了最佳拍摄时间，可以使用白炽灯白平衡人为在画面中添加蓝色的影调。

▲ 将白平衡设置为白炽灯模式可以使蓝调效果更加明显，营造出朦胧、宁静、幽深的意境，让观者沉浸在这醉人的蓝色里（焦距：20mm 光圈：F8 快门速度：8s 感光度：ISO100）

自定义白平衡

自定义白平衡模式是各种白平衡模式中最精准的一种，是指在现场光照条件下拍摄白色的物体，并通过设置使相机以此白色物体来定义白色，从而使其他颜色都据此发生偏移，最终实现精准的色彩还原。

例如，在室内使用恒亮光源拍摄人像或静物时，由于光源本身都会带有一定的色温倾向，因此，为了保证拍出的照片能够准确地还原色彩，此时可以通过自定义白平衡的方法进行拍摄。

在SONY α7RⅢ上自定义白平衡的操作步骤如下：

❶ 将对焦模式切换至 MF（手动对焦）方式，找到一个白色物体（如白纸）放置在用于拍摄最终照片的光线下。

❷ 在"拍摄设置1菜单"的第12页中选择"白平衡模式"选项，然后选择"自定义设置"选项并按下控制拨轮中央按钮。

❸ 此时将要求选择一幅图像作为自定义的依据，手持相机对准白纸并让白色区域完全遮盖位于画面中央的圆点区域，然后按下控制拨轮中央按钮，相机发出快门音后，会显示获取的数值。

❹ 按下◀或▶方向键选择要存储的号码（🔲1~🔲3），确认后按下控制拨轮中央按钮保存。

❺ 要使用自定义的白平衡，在"白平衡模式"菜单中选择保存的号码（🔲1~🔲3）选项即可。

高手点拨

　　在实际拍摄时灵活运用自定义白平衡功能，可以使拍摄效果更自然，这要比使用滤色镜获得的效果更自然，操作也更方便。但值得注意的是，当曝光不足或曝光过度时，使用自定义白平衡可能无法获得正确的白平衡。在实际拍摄时，可以使用18%灰度卡（市面有售）取代白色物体，这样可以更精确地设置白平衡。

❶ 将对焦模式切换为 MF 模式

❷ 在**拍摄设置1菜单**的第12页中选择**白平衡模式**选项，按下控制拨轮中央按钮，按下▼或▲方向键选择**自定义设置**选项，然后按下控制拨轮中央按钮

❸ 出现此界面，按下控制拨轮中央按钮对着白色物体拍摄一张照片

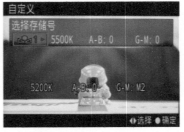

❹ 获取数据成功后，按下◀或▶方向键选择要注册的序号，然后按下控制拨轮中央按钮确定

◀ 在光线恒定的室内拍摄时，可以使用自定义白平衡来还原色彩（焦距：50mm　光圈：F5.6　快门速度：1/125s　感光度：ISO200）

为不同用途的照片选择色彩空间

在 数码相机中，色彩空间是指某种色彩模式所能表达的颜色数量的范围，即数码相机感光元件所能表现的颜色数量的集合，绝大多数相机都提供了 Adobe RGB 与 sRGB 两种色彩空间。

❶ 在**拍摄设置 1 菜单**的第 2 页中选择**色彩空间**选项

❷ 按下▼或▲方向键选择 sRGB 或 Adobe RGB 选项

为用于纸媒介的照片选择色彩空间

如果照片用于书籍或杂志印刷，最好选择 Adobe RGB 色彩空间，因为它是 Adobe 专门为印刷开发的，因此允许的色彩范围更大，包含了很多在显示器上无法显示的颜色，如绿色区域中的一些颜色，这些颜色会使印刷品呈现更细腻的色彩过渡效果。

为用于电子媒介的照片选择色彩空间

sRGB 的色彩空间较小，因此在开发时就将其明确定位于网页浏览、计算机屏幕显示等用途。而 Adobe RGB 较之 sRGB 有更宽广的色彩空间，包含了 sRGB 所没有的 CMYK 色域。因此，如果希望在最终的摄影作品中精细地调整色彩饱和度，应该选择 Adobe RGB 色彩空间；而如果照片用于数码彩扩、屏幕投影展示、计算机显示屏展示等用途，应选择 sRGB 色彩空间。若将采用 Adobe RGB 色彩空间拍摄的照片更改为 sRGB 模式，照片的色彩就会有所损失；若将采用 sRGB 色彩空间拍摄的照片转换为 Adobe RGB 模式，由于 sRGB 本身色彩空间较小，因此照片的色彩实际上并没有什么变化。

因为这张图片要用于印刷，所以使用 Adobe RGB 色彩空间进行拍摄，画面色域宽广、细节丰富（焦距：50mm 光圈：F5 快门速度：1/200s 感光度：ISO200）

焦距：24mm 光圈：F5 快门速度：1/500s 感光度：ISO400

Chapter 07

掌握常用测光和拍摄模式

18%测光原理

要正确选择测光模式，必须先了解数码相机测光的原理——18%中性灰测光原理。

数码相机的测光数值是由场景中物体的平均反光率确定的，除了反光率比较高的场景（如雪景、云景）及反光率比较低的场景（如煤矿、夜景）外，其他大部分场景的平均反光率为18%左右，而这一数值正是中性灰色的反光率。

因此，当拍摄场景的反光率平均值恰好是18%时，则可以得到光影丰富、明暗正确的照片；反之则需要人为地调整曝光补偿来补偿相机的测光失误。通常在拍摄较暗的场景（如日落）及较亮的场景（如雪景）时会出现这种情况。如果要验证这一点，可以采取下面所讲述的方法。

对着一张白纸测光，然后按相机自动测光所给出的光圈与快门速度组合直接拍摄，会发现得到的照片中白纸看上去更像是灰纸，这是由于照片欠曝造成的。因此，拍摄反光率大于18%的场景，如雪景、雾景、云景或有较大面积白色物体的场景时，则需要增加曝光量，即做正向曝光补偿。

而对着一张黑纸测光，然后按相机自动测光所给出的光圈与快门速度组合直接拍摄，会发现得到的照片中黑纸好像是一张灰纸，这是由于照片过曝造成的。因此，如果拍摄场景的反光率低于18%，则需要减少曝光量，即做负向曝光补偿。

了解18%中性灰测光原理有助于摄影师在拍摄时更灵活地测光，通常水泥墙壁、灰色的水泥地面、人的手背等物体的反光率都接近18%，因此在拍摄光线复杂的场景时，可以在环境中寻找反光率在18%左右的物体进行测光，这样可以保证拍出照片的曝光基本上是正确的。

正确选择测光模式准确测光

要想准确曝光，前提是必须做到准确测光，根据数码相机内置的测光表提供的曝光数值拍摄，一般都可以获得准确的曝光。

但有时也不尽然，例如，在环境光线较为复杂的情况下，数码相机的测光系统不一定能够准确识别，此时仍采用数码相机提供的曝光组合拍摄的话，就会出现曝光失误。在这种情况下，应该根据要表达的主题、渲染的气氛进行适当的调整，即按照"拍摄→检查→设置→重新拍摄"的流程不断地进行尝试，直至拍摄出满意的照片为止。

由于不同拍摄环境下的光照条件不同，不同拍摄对象要求准确曝光的位置也不同，因此SONY α7RⅢ相机提供了5种测光模式，分别适用于不同的拍摄环境。

❶ 在**拍摄设置1菜单**的第9页中选择**测光模式**选项

❷ 按下▼或▲方向键选择所需要的测光模式，然后按下控制拨轮中央按钮确定

多重测光模式

多重测光是最常用的测光模式，在该模式下，相机会将画面分为多个区域，针对各个区域测光，然后将得到的测光数据进行加权平均，以得到适用于整个画面的曝光参数。此模式最适合拍摄光比不大的日常及风光照片。

➤ 在光比不大且光照均匀的环境中，使用多重测光模式拍摄风光照片，可获得层次丰富的画面效果（焦距：24mm 光圈：F22 快门速度：8s 感光度：ISO100）

中心测光模式

在中心测光模式下，测光会偏向画面的中央部位，但也会同时兼顾其他部分的亮度。

例如，当使用SONY α7RⅢ进行测光后认为，画面中央位置的对象正确曝光组合是F8、1/320s，而其他区域正确曝光组合是F4、1/200s时，由于中央位置对象的测光权重较大，相机最终确定的曝光组合可能会是F5.6、1/320s，以优先照顾中央位置对象的曝光。

由于测光时能够兼顾其他区域的亮度，因此该模式既能实现画面中央区域的精准曝光，又能保留部分背景的细节。这种测光模式适合拍摄主体位于画面中央位置的题材，如人像、建筑物及其他位于画面中央的对象。

▲ 当主体处于画面中央时，使用中心测光模式有利于得到曝光准确的画面（焦距：55mm 光圈：F3.5 快门速度：1/160s 感光度：ISO200）

点测光模式 （部分小图标）

点 测光是一种高级测光模式，相机只对画面中央区域或所选对焦点周围的很小部分进行测光，具有相当高的准确性。由于点测光是依据很小的测光点来计算曝光量的，因此测光点位置的选择将会在很大程度上影响画面的曝光效果，尤其是在逆光拍摄或画面的明暗反差较大时。

如果是对准亮部测光，则可得到亮部曝光合适、暗部细节有损失的画面；如果是对准暗部测光，则可得到暗部曝光合适、亮部细节有损失的画面。所以，拍摄时可根据自己的拍摄意图来选择不同的测光点，以得到曝光合适的画面。

在使用SONY α7RⅢ相机的点测光模式时，读者可以设置测光点的区域大小，选择"大"选项时，则测光时所测量区域的范围更为宽广一些，选择"标准"选项，则测量区域的范围更窄，所测得的曝光数值也更为精确。

测光圆的位置则根据"点测光点"的设置而不同，若设为"中间"选项，则在中央区域周围，若是设为"对焦点联动"选项，则在所选对焦点的周围。

▲ 使用点测光模式对天空的中灰部进行测光，锁定曝光后重新构图，得到剪影效果的画面
（焦距：100mm　光圈：F8　快门速度：1/800s　感光度：ISO400）

❶ 在**拍摄设置1菜单**的第9页中选择**测光模式**选项

❷ 按下▼或▲方向键选择点测光选项，按下◀或▶方向键选择**标准**或**大**选项，然后按下控制拨轮中央按钮确定

整个屏幕平均测光模式 ◼️

在 整个屏幕平均测光模式下，相机将测量整个画面的平均亮度，与多重测光模式相比，此模式的优点是能够在进行二次构图或被摄体的位置产生了变化时，可以保持画面整体的曝光不变。即使是在光线较为复杂的环境中拍摄时，使用此模式也能够更加使照片的曝光更加协调。

▲ 使用屏幕平均测光模式拍摄风光时，在小幅度改变构图时，曝光可以保持在一个稳定的状态（焦距：18mm 光圈：F8 快门速度：1/125s 感光度：ISO100）

强光测光模式 📷

在强光测光模式下，相机将针对亮部重点测光，优先保证被摄对象的亮部曝光是正确的，在拍摄如舞台上聚光灯下的演员、直射光线下浅色的对象时，使用此模式能够获得很好的曝光效果。

不过需要注意的是，如果画面中拍摄主体不是最亮的区域，则被摄主体的曝光可能会偏暗。

▶ 在拍摄 T 台走秀的照片时，使用强光测光模式可以保证明亮的部分有丰富的细节（焦距：28mm 光圈：F3.5 快门速度：1/125s 感光度：ISO500）

与测光相关的菜单设置

使用多重测光时人脸优先

在使用多重测光模式拍摄人像题材时，可以通过"多重测光时人脸优先"菜单，设置是否启用脸部优先功能。

如果选择了"开"选项，那么在拍摄时，相机会优先对画面中的人物面部进行测光，然后再根据所测得数据为依据，再平衡画面的整体测光情况。

❶ 在**拍摄设置 1 菜单**的第 9 页中选择**多重测光时人脸优先**选项

❷ 按下▼或▲方向键选择**开**或**关**选项，然后按下控制拨轮中央按钮确定

点测光点

在点测光模式下，如果将对焦区域模式设置为"自由点"或"扩展自由点"模式时，通过此菜单可以设置测光区域是否与对焦点联动。

- 中间：选择此选项，则只对画面的中央区域测光来获得曝光参数，而不会对对焦点所在的区域进行测光。
- 对焦点联动：选择此选项，那么所选择的对焦点即为测光点，测量其所在的区域的曝光参数。此选项在拍摄测光点与对焦点处于相同位置的画面时比较方便，可以省去曝光锁定的操作。

❶ 在**拍摄设置 1 菜单**的第 10 页中选择**点测光点**选项

❷ 按下▼或▲方向键选择**中间**或**对焦点联动**选项，然后按下控制拨轮中央按钮确定

高手点拨

当使用"自由点"或"扩展自由点"以外的对焦区域模式时，测光区域固定为画面中央。当使用"锁定自由点"或"锁定扩展自由点"对焦区域模式时，如果选择了"对焦点联动"选项，则测光区域与锁定AF的开始对焦点联动，不会与被摄体的跟踪对焦点联动。

利用"AEL按钮功能"锁定曝光参数

曝光锁定操作方法及应用场合

曝光锁定，顾名思义就是将画面中某个特定区域的曝光值锁定，并依据此曝光值对场景进行曝光。

曝光锁定主要用于如下场合：①当光线复杂而主体不在画面中央位置的时候，需要先对准主体进行测光，然后将曝光值锁定，再进行重新构图、拍摄；②以代测法对场景进行测光，当场景中的光线复杂或主体较小时，可以对其他代测物体进行测光，如人的面部、反光率为18%的灰板、人的手背等，然后将曝光值锁定，再进行重新构图、拍摄。

下面以拍摄人像为例讲解其操作方法。

❶ 通过使用镜头的长焦端或者靠近被摄人物，使被摄者充满画面，半按快门得到一个曝光值，按下AEL按钮锁定曝光值。

❷ 保持AEL按钮的按下状态（画面右下方的✳会亮起），通过改变相机的焦距或者改变与被摄人物之间的距离进行重新构图，半按快门对被摄者对焦，合焦后完全按下快门完成拍摄。

▲ SONY α7RⅢ的曝光锁定按钮

高手点拨

如果要一直锁定曝光参数，可选择"自定义键"菜单中的"AEL按钮功能"选项，并选择"AE锁定切换"选项。这样即使释放AEL按钮，相机也会以锁定的曝光参数进行拍摄，再次按下该按钮即可取消锁定的曝光参数。

❶ 在**拍摄设置2**菜单的第8页中选择◩**自定义键**设置选项，然后按下控制拨轮中央按钮

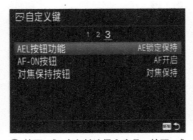

❷ 按下◀或▶方向键选择**3**序号，按下▼或▲方向键选择 AEL **按钮功能**选项，然后按下控制拨轮中央按钮

❸ 按下◀或▶方向键选择 AE **锁定切换**选项，然后按下控制拨轮中央按钮确定

▲ 使用长焦镜头将女孩的头部拉近，直至其脸部基本充满整个画面，在此基础上进行测光，可以确保人像的面部获得正确曝光

◀ 使用曝光锁定功能后，人物的肤色得到了更好的还原（焦距：135mm 光圈：F4 快门速度：1/250s 感光度：ISO250）

不同拍摄题材曝光锁定技巧

在拍摄人像时，通常以模特的脸部作为曝光依据并进行锁定，这样可以使人物的肤色得到正确还原。

在拍摄蓝天白云时，通常以天空作为曝光依据并进行锁定，这样可以使拍摄出来的蓝天更蓝、白云更白。

在拍摄湖面等有大面积水的景物时，通常以水面的反光处作为曝光依据并进行锁定，这样可以使拍摄出来的水面细节更加丰富。

在拍摄树木时，通常以树木明暗交界处的亮度作为曝光依据并进行锁定，这样可以使拍摄出来的树木显得更加郁郁葱葱。

在拍摄日出日落时，通常以太阳旁边的高光云彩作为曝光依据并进行锁定，这样可以使拍摄出来的云彩细节更丰富。

▲ 在拍摄晚霞时，以云彩作为曝光依据并进行锁定，拍摄出的云彩的细节会非常丰富，画面极具视觉冲击力（焦距：35mm 光圈：F10 快门速度：1/200s 感光度：ISO100）

▼ 在拍摄蓝天白云时，以天空的中灰部作为曝光依据并进行锁定，会使天空中的云彩显得非常有层次，且具有立体感，而地面景物因曝光不足而显得较暗，从而使天空显得更加突出（焦距：18mm 光圈：F8 快门速度：1/1000s 感光度：ISO100）

针对不同题材设置不同的拍摄模式

针对不同的拍摄任务，需要将快门设置为不同的拍摄模式。例如，要抓拍高速运动的物体，为了保证成功率，通过设置可以使摄影师按下一次快门能够连续拍摄多张照片。

SONY α7RⅢ相机提供了单张拍摄◻️、连拍☰、定时自拍⟳、定时连拍⟳C、连续阶段曝光 BRKC、单拍阶段曝光 BRKS、白平衡阶段曝光 BRKWB、DRO 阶段曝光 BRKDRO 8 种拍摄模式，下面分别讲解它们的使用方法。

单张拍摄模式 ◻️

在此模式下，每次按下快门时，都只拍摄一张照片。单张拍摄模式适合拍摄静态对象，如风光、建筑、静物等题材。

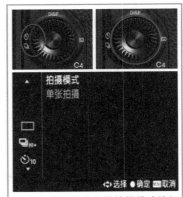

▲ 按下控制拨轮上的拍摄模式按钮 ⟳/☰，然后按下▲或▼方向键选择一种拍摄模式。当选择除单张拍摄以外其他拍摄模式时，可以按下◀或▶方向键，然后选择所需的选项 📷

▼ 单张拍摄模式适合拍摄的题材十分广泛，只要是静止的对象均可以用单张拍摄模式来拍摄

连拍模式 🔳

在连拍模式下，每次按下快门时，直至快门释放为止，将连续拍摄多张照片。连拍模式在运动人像、动物、新闻、体育等摄影中运用较为广泛，以便于记录精彩的瞬间。在拍摄完成后，从其中选择效果最佳的一张或多张，或者通过连拍获得一系列生动有趣的照片。

SONY α7RⅢ相机的连拍模式可以选择 Hi+（最高速）、Hi（高速）、Mid（中速）及 Lo（低速）4 种连拍速度，其中在 Hi+ 模式下可以最高拍摄 10 张 / 秒，在 Hi 模式下可以最高拍摄 8 张 / 秒。不过需要注意的是，在弱光环境中、高速连拍情况下或当剩余电量较少时，连拍的速度可能会变慢。

▲ 使用连拍模式抓拍女孩跳起的系列动作

定时自拍模式 ⏱

在自拍模式下，可以选择"10 秒定时""5 秒定时"和"2 秒定时"三个选项，即在按下快门按钮后，分别于 10 秒、5 秒和 2 秒后进行自动拍摄。当按下快门按钮后，自拍定时指示灯闪烁并且发出提示声音，直到相机自动拍摄为止。

▲ 两秒自拍适用于弱光摄影，这是由于在弱光下即使使用三脚架保持相机稳定，也会因为手按快门导致相机轻微抖动而影响画面质量，因此非常适合在弱光下拍摄风景（焦距：50mm 光圈：F1.8 快门速度：1/50s 感光度：ISO200）

高手点拨

值得一提的是，所谓的自拍模式并非只能用于给自己拍照，也可以拍摄其他题材。例如，在需要使用较低的快门速度拍摄时，使用三脚架使相机保持稳定，并进行变焦、构图、对焦等操作，然后通过设置自拍模式的方式，可以避免手按快门产生震动，从而拍出满意的照片。

定时连拍模式 ⏱C

在定时连拍模式下，可以选择在 10 秒、5 秒或 2 秒的时间内，连拍 3 张或 5 张照片。

此模式可用于拍摄对象运动幅度较小的动态照片，如摄影者自导自演的跳跃、运动等自拍照片。或者拍摄既需要连拍又要避免手触快门而导致画面模糊的题材时，也可以使用此模式。

此外，在拍摄团体照时，使用此模式可以一次性连拍多张照片，大大增加了拍摄成功率，避免团体照中出现有人闭眼、扭头等情况。

▲ 设置定时连拍模式后，就可摆好姿势，等待相机连续拍摄 3 张或 5 张照片，拍摄完后即可从中挑选一张不错的自拍照片（焦距：35mm 光圈：F5.6 快门速度：1/500s 感光度：ISO200）

白平衡阶段曝光 BRK WB

使用"白平衡阶段曝光"功能拍摄时，相机在当前白平衡设置的色温基础上，阶段式地改变色温值，可以一次拍摄同时得到 3 张不同白平衡偏移效果的图像。

当采用 JPEG 记录的格式在光源复杂的环境下拍摄时，如果不使用此功能拍摄，可能会出现偏色的情况，而使用此功能拍摄，可以得到 3 张不同色彩效果的照片，通常在所拍摄的 3 张照片中，总会有一张比较符合摄影师要求。如果采用 RAW 记录的格式，则无须使用此功能，因为即使有偏色的情况，使用后期软件也能够方便地修正过来。

正常

增加 5 格 B（蓝色）偏移

增加 5 格 A（红色）偏移

▲ 利用白平衡偏移功能拍摄的画面效果对比

连续阶段曝光 BRK C/单拍阶段曝光 BRK S

无论摄影师使用的是多重测光还是点测光模式，有时都不能解决拍摄时的曝光问题，其中任何一种测光方法都会给曝光带来一定程度的问题，例如，使用多重测光可能会导致所拍摄的画面比正确的曝光过曝 1/3EV，使用点测光可能导致画面欠曝 1/3EV。

解决上述问题的最佳方案是使用阶段曝光模式，在此拍摄模式下相机会连续拍摄出 3 张、5 张或 9 张曝光量略有差异的照片，以达到多拍优选的目的。

在实际拍摄过程中，摄影师无须调整曝光量，相机将根据设置自动在第一张照片的基础上增加、减少一定的曝光量，拍摄出另外 2 张、4 张或 8 张照片。按此方法拍摄出来的 3 张、5 张或 9 张照片中，总会有一张是曝光相对准确的照片，因此使用这两种阶段曝光模式能够提高拍摄的成功率。

这种技术还能够帮助那些面对复杂的现场光线没有把握正确设置曝光参数方法的摄影爱好者，通过拍摄出多张同一场景但曝光量不同的照片来确保拍摄的成功率。

连续阶段曝光或单拍阶段曝光的区别是，前者可以在连续拍摄时实现阶段曝光，而后者则适用于单拍模式下的阶段曝光。

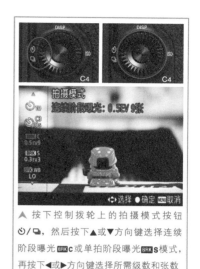

▲ 按下控制拨轮上的拍摄模式按钮 ⏱/❑，然后按下▲或▼方向键选择连续阶段曝光 BRK c 或单拍阶段曝光 BRK S 模式，再按下◀或▶方向键选择所需级数和张数

▲ 这 3 张照片在拍摄时都增加了 +0.3EV 的曝光补偿，并在此基础上设置了 ±0.7EV 的阶段曝光，因此拍摄得到的 3 张照片的曝光补偿值分别为 -0.4EV、+0.3EV、+1.0EV（焦距：17mm 光圈：F16 快门速度：1.3s 感光度：ISO100）

DRO阶段曝光 BRK DRO

在拍摄环境光比较大的画面时，使用DRO功能可以优化照片的高光与阴影区域，但是一次只能拍摄一张照片，在不确定设置为多少等级能达到最佳效果的时候，就可以使用DRO阶段曝光模式进行拍摄，在此模式下，相机对画面的暗部及亮部进行分析，以最佳亮度和层次表现画面，且阶段式地改变动态范围优化的数值，然后拍摄出3张不同等级的照片，从而提高拍摄的成功率。

选择"Lo"选项，相机以较小的幅度改变3张照片的优化等级，将拍摄Lv1、Lv2、Lv3等级的3张照片。选择"Hi"选项，相机则以较大的幅度改变3张照片的优化等级，将拍摄Lv1、Lv3、Lv5等级的3张照片。

▲ 按下控制拨轮上的拍摄模式按钮 ⏱/🔁，然后按下▲或▼方向键选择DRO阶段曝光模式，再按下◄或►方向键选择Lo或Hi选项 📷

▲ 将DRO阶段曝光设置为"Hi"选项时，拍摄得到的3张图，与未使用此功能拍摄的照片相比，3张均有不同程度的优化

焦距：200mm　光圈：F8　快门速度：1/500s　感光度：ISO320

Chapter 08

掌握对焦设定

根据拍摄对象选择自动对焦模式

如果说了解测光可以帮助我们正确地还原影调与色彩的话，那么选择正确的对焦模式，则可以帮助我们获得清晰的照片，而这恰恰是拍出好照片的关键环节之一，因此，了解各种自动对焦模式的特点及适用场合是非常重要的。

拍摄静止的对象选择单次自动对焦模式（AF-S）

在单次自动对焦模式下，相机在合焦（半按快门时对焦成功）之后即停止自动对焦，此时可以保持半按快门的状态重新调整构图。根据对焦的状态，在取景器或液晶显示屏上会显示各种对焦图标，不同对焦图标有不同含义，如下表所示。

对焦图标	含义
●点亮	表示合焦且对焦被锁定
◉点亮	表示合焦。根据被摄体的移动，对焦位置会发生变化
()点亮	表示正在进行对焦
●闪烁	表示没有合焦

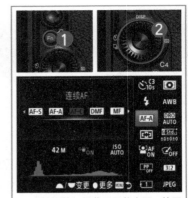

▲ 在拍摄待机屏幕显示状态下，按下 Fn 按钮，然后按下◄、►、▲或▼方向键选择对焦模式选项，转动前／后转盘选择所需对焦模式；或者按下控制拨轮中央按钮，然后按下▲或▼方向键选择对焦模式选项

▲ 使用单次自动对焦模式拍摄静止的对象，画面焦点清晰

拍摄运动的对象选择连续自动对焦模式（AF-C）

选择连续自动对焦模式后，当摄影师半按快门合焦后，保持快门的半按状态，相机会在对焦点中自动切换以保持对运动对象的准确合焦状态，如果在这个过程中被摄对象的位置发生了较大的变化，只要移动相机使自动对焦点保持覆盖主体，就可以持续进行对焦。这种对焦模式较适合拍摄运动中的鸟、昆虫、人等对象。

▲ 使用连续自动对焦模式拍摄运动中的对象，通过移动相机使自动对焦点保持覆盖主体，可以确保拍摄到清晰的主体

拍摄动静不定的对象选择自动对焦模式（AF-A）

自动对焦模式适用于无法确定被摄对象是静止或运动状态的情况。此时相机会自动根据被摄对象是否运动来选择单次自动对焦还是连续自动对焦模式，此对焦模式适用于拍摄不能够准确预测动向的被摄对象，如昆虫、鸟、儿童等。

例如，在动物摄影中，如果所拍摄的动物暂时处于静止状态，但有突然运动的可能性，此时应该使用此对焦模式，以保证能够将拍摄对象清晰地捕捉下来。在人像摄影中，如果模特不是处于摆拍的状态，随时有可能从静止状态变为运动状态，也可以使用这种对焦模式。

▲ 拍摄忽然停止、忽然运动的题材时，使用 AF-A 自动对焦模式再合适不过了

选择自动对焦区域

在确定了自动对焦模式后，还需要指定自动对焦区域模式，以使相机的自动对焦系统在工作时"明白"应该使用多少对焦点或对什么位置的对焦点进行对焦。

SONY α7RⅢ微单相机提供了广域自动对焦 、区自动对焦、中间自动对焦、自由点自动对焦、扩展自由点和锁定AF 6种自动对焦区域模式，摄影师通过选择不同的自动对焦区域模式来满足不同拍摄题材的需求。

❶ 在**拍摄设置1菜单**的第5页中选择**对焦区域**选项

❷ 按下▼或▲方向键选择所需的自动对焦区域模式。当选择**自由点**或**锁定AF**选项时，按下◀或▶方向键选择所需选项

▲ 在拍摄待机屏幕显示下，按下Fn按钮，然后按下◀、▶、▲、▼方向键选择对焦区域选项，按下控制拨轮中央按钮进入详细设置界面，然后按下▲或▼方向键选择对焦区域选项。当选择了自由点或锁定AF选项时，按下◀或▶方向键选择所需选项

广域自动对焦区域

选择此对焦区域模式后，在执行对焦操作时，相机将利用自己的智能判断系统决定当前拍摄的场景中哪个区域应该最清晰，从而利用相机的可用对焦点针对这一区域进行对焦。

▲ 广域自动对焦区域示意图

▲ 在拍摄大场景风景类题材时，使用广域自动对焦区域模式即可（焦距：26mm　光圈：F11　快门速度：1/500s　感光度：ISO100）

区自动对焦区域 ⬚⬚⬚

使用此对焦区域模式时，先在液晶显示屏上选择想要对焦的区域位置，对焦区域内包含数个对焦点，在拍摄时，相机自动在所选对焦区范围内选择合焦的对焦框。此模式适合拍摄动作幅度不大的题材。

▲ 区自动对焦区域示意图

◀ 对于拍摄摆姿人像而言，在更换姿势幅度不大的情况下，可以使用区自动对焦区域模式进行拍摄（焦距：150mm　光圈：F4　快门速度：1/1250s　感光度：ISO320）

中间自动对焦区域 [ ]

使用此对焦区域模式时，相机始终使用位于屏幕中央区域的自动对焦点进行对焦。拍摄时画面的中央位置会出现一个灰色对焦框，表示对焦点位置，半按快门进行拍摄时，灰色对焦框变成为绿色，表示完成对焦操作。此模式适合拍摄主体位于画面中央的题材。

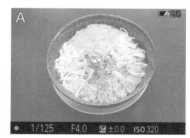

▲ 中间自动对焦区域示意图

▲ 由于主体在画面中间，因此使用了中间自动对焦区域模式进行拍摄（焦距：90mm　光圈：F5　快门速度：1/400s　感光度：ISO100）

自由点自动对焦区域

选择此对焦区域模式时，相机只使用一个对焦点进行对焦操作，而且摄影师可以自由确定此对焦点所处位置。拍摄时使用多功能选项器的上、下、左、右，可以将对焦框移动至被摄主体需要对焦的区域。此对焦区域模式适合拍摄需要精确对焦，或对焦主体不在画面中央位置的题材。

▲ 自由点自动对焦区域示意图

高手点拨

当将"触摸操作"设为"开"选项时，则可以通过触摸操作拖动并迅速地移动显示屏上的对焦框。

◀ 使用自由点自动对焦区域模式对花朵进行对焦，得到了花朵清晰、背景虚化的效果（焦距：85mm 光圈：F2.8 快门速度：1/640s 感光度：ISO100）

扩展自由点自动对焦区域

选择此对焦区域模式时，读者可以使用多功能选项器的上、下、左、右选择一个对焦点，与自由点模式不同的是，读者所选的对焦点周围还分布一圈辅助对焦点，若拍摄对象暂时偏离所选对焦点，则相机会自动使用周围的对焦点进行对焦。

此对焦区域模式适合于拍摄可预测运动趋势的对象。

▲ 扩展自由点自动对焦区域示意图

◀ 事先设定好对焦点的位置，当模特慢慢走到对焦点位置时，立即半按快门对焦并拍摄（焦距：135mm 光圈：F4 快门速度：1/200s 感光度：ISO160）

锁定AF [图] [图] [图] [图] [图]

在 AF-C 连续自动对焦模式下，拍摄随时可能移动的动态主体（如宠物、儿童、运动员等）时，可以使用此模式，锁定跟踪被摄体，从而在保持半按快门按钮期间，使相机持续对焦被摄体。

需要注意的是，此自动对焦区域模式实际上分为 5 种，即"锁定 AF 广域"模式、"锁定 AF 区"模式、"锁定 AF 中间"模式、"锁定 AF 自由点"模式和"锁定 AF 扩展自由点"模式。例如，选择"锁定 AF 广域"模式，将由相机自动设定开始跟踪区域；选择"锁定 AF 中间"模式，则从画面中间开始跟踪；选择"锁定 AF 自由点"模式，则可以使用方向键选择需要的开始跟踪区域。

▲ 锁定 AF 扩展自由点模式示意图

◀ 利用锁定 AF 模式，拍摄到了清晰的小孩泳池玩耍的组照

设置"AF辅助照明"方便在弱光下对焦

利用"AF辅助照明"菜单可以控制相机是否开启自动对焦辅助光。在弱光环境下拍摄时,由于对焦很困难,相机的自动对焦系统很难对场景进行对焦,此时,开启"AF辅助照明"功能,可以使相机的 AF 辅助照明灯发出红色的光线,照亮被摄对象,以辅助相机进行对焦。

- ■自动:选择此选项,当拍摄环境光线较暗时,自动对焦辅助照明灯将发射自动对焦辅助光。
- ■关:选择此选项,自动对焦辅助照明灯将不发射自动对焦辅助光。

❶ 在**拍摄设置 1 菜单**的第 6 页中选择 AF
辅助照明选项

❷ 按下▼或▲方向键选择**自动**或**关**选项

高手点拨

使用AF-A自动对焦模式拍摄移动对象时,使用AF-C连续自动对焦模式拍摄时,在"动态影像"或"慢和快动作"照相模式下,对焦放大期间和使用卡口适配器时,"AF辅助照明"功能不可用。

▼ 在室内拍摄时,若光线较暗,可以使用"AF 辅助照明"功能来辅助对焦(焦距:85mm 光圈:F2 快门速度:1/100s 感光度:ISO800)

设置"音频信号"确认合焦

<big>在</big>拍摄比较细小的物体时，是否正确合焦不容易从屏幕上分辨出来，这时可以开启"音频信号"功能，以便在确认相机合焦时发出提示音，从而迅速按下快门得到清晰的画面。除此之外，开启"音频信号"功能后，还会在自拍时用于自拍倒计时提示。

- ■开：选择此选项，开启提示音后，在合焦和自拍时，相机会发出提示音。
- ■关：选择此选项，在合焦或自拍时，相机不会发出提示音。

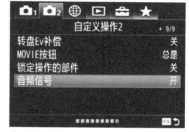

❶ 在**拍摄设置 2 菜单**的第 9 页中选择**音频信号**选项

高手点拨

如果可以，在拍摄比较细小的物体时，最好使用手动对焦模式，通过在液晶显示屏上放大被摄对象来确保准确合焦。

❷ 按下▲或▼方向键选择**开**或**关**选项，然后按下控制拨轮中央按钮

▼ 通过"音频信号"功能确认合焦与否的方法非常实用，在自拍或合影时，被摄者可以根据提示音判断按下快门的时间，同时准备好表情，这样可以有效地避免出现"闭眼睛"的现象

AF-S模式下优先释放快门或对焦

在 SONY α7RⅢ微单相机中，为 AF-S 单次自动对焦模式提供了对焦或快门释放优先设置选项，以便满足用户多样化的拍摄需求。

例如，在一些弱光或不易对焦的情况下，使用单次自动对焦模式拍摄时，也可能会出现无法对焦而导致错失拍摄时机的问题，此时就可以在此菜单中进行设置。

■AF：选择此选项，相机将优先进行对焦，直至对焦完成后才会释放快门，因而可以清晰、准确地捕捉到瞬间影像。选择此选项的缺点是，可能会由于对焦时间过长而错失精彩的瞬间。

■快门释放优先：选择此选项，将在拍摄时优先释放快门，以保证抓取到瞬间影像，但此时可能会出现尚未精确对焦即释放快门，而导致照片脱焦变虚的问题。

■均衡：选择此选项，相机将采用对焦与释放均衡的拍摄策略，以尽可能拍摄到既清晰又能及时记录精彩瞬间的影像。

❶ 在**拍摄设置 1 菜单**的第 5 页中选择 AF-S **优先级设置**选项

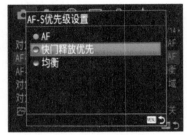

❷ 按下▼或▲方向键选择所需选项，然后按下控制拨轮中央按钮确认

▼ 大部分情况下，使用 AF-S 模式拍摄的都是静态照片，因此设为 "AF" 选项即可（焦距：35mm 光圈：F5.6 快门速度：1/250s 感光度：ISO100）

AF-C模式下优先释放快门或对焦

在 使用AF-C连续对焦模式拍摄动态的对象时，为了保证成功率，往往与连拍模式组合使用，此时就可以根据个人的习惯来决定在拍摄照片时，是优先进行对焦，还是优先保证快门释放。

■AF：选择此选项，相机将优先进行对焦，直至对焦完成后，才会释放快门，因而可以清晰、准确地捕捉到瞬间影像。适用于要么不拍，要拍必须拍清晰的题材。

■快门释放优先：选择此选项，相机将优先释放快门，适用于无论如何都想要抓住瞬间拍摄机会的情况。但可能会出现尚未精确对焦即释放快门，从而导致照片脱焦的问题。

■均衡：选择此选项，相机将采用对焦与释放均衡的拍摄策略，以尽可能拍摄到既清晰又能及时记录精彩瞬间的影像。

❶ 在**拍摄设置1菜单**的第5页中选择 **AF-C 优先等级设置**选项

❷ 按下▼或▲方向键选择所需选项，然后按下控制拨轮中央按钮确认

▼ 可以根据拍摄题材的运动幅度来设定选项，例如，拍摄只是唱慢歌的舞台画面时，人物的动作幅度不会太大，此时可以设置为"均衡"选项（焦距：200mm 光圈：F4 快门速度：1/250s 感光度：ISO500）

中央锁定自动对焦

在拍摄可能移动的对象时，通常要使用"中央锁定 AF"功能。当此功能处于开启状态时，液晶显示屏中将出现一个对焦框，摄影师需要将被摄对象置于目标对焦框内，然后按下控制轮中央按钮，即可锁定对焦框中的被摄对象。此时，如果被摄对象突然移动，对焦点会持续跟踪对焦被摄对象，即使被摄体暂时离开取景画面，当其再次出现时，相机也可以恢复跟踪。如果要取消追踪，则再次按下控制拨轮中央按钮。

在拍摄时，建议配合高速连拍功能，并关闭降噪功能，以免影响拍摄。此外，在拍摄过程中，相机需要跟随被摄对象一直移动，以保证目标对焦框一直能对焦成功，否则相机会停止追踪对焦。

此功能适用于拍摄随时可能移动的动态主体（如宠物、儿童、运动员等）。

高手点拨

此模式与"锁定AF"自动对焦区域模式最大的区别在于，锁定AF自动对焦区域需要一直按住快门按钮，此功能则不需要。

▲ 在拍摄活泼好动的儿童时，应该使用连续自动对焦模式，并启用"中央锁定 AF"功能，以确保拍摄出主体清晰的照片（焦距：70mm 光圈：F5 快门速度：1/500s 感光度：ISO125）

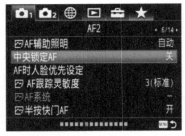
❶ 在**拍摄设置 1 菜单**的第 6 页中选择**中央锁定** AF 选项

❷ 按下▼或▲方向键选择**开**或**关**选项，然后按下控制拨轮中央按钮确定

❸ 当选择了"开"选项时，出现"在●中跟踪距离画面中央最近的被摄对象"对话框。将目标框对准被摄对象，按下控制轮中央按钮，即可锁定目标框中的主体，当目标（被摄对象）移动时，目标框会跟随被摄对象移动，一直保持对焦状态

对焦时人脸优先设定

人脸检测功能与智能手机中的面部识别功能类似。开启此功能后，相机会自动检测画面中的人脸，并针对人的面部进行测光、对焦、拍摄。

当相机检测到多张人脸时，将靠近画面中央的人脸定义为优先对焦对象。当按下快门按钮拍摄时，相机将以优先对焦的人脸为主，进行对焦、曝光和白平衡等设置。

- ■AF时人脸优先：选择"开"选项，由相机自动选择优先对焦的人脸。选择"关"选项，则关闭人脸检测功能。
- ■人脸检测框显示：选择"开"选项，当相机识别到人脸时，会显示灰色的人脸检测框，当相机判断可以自动对焦，则该框变为白色。选择"关"选项，则不会显示人脸检测框。

高手点拨

值得注意的是，在使用放大对焦、将照相效果设为色调分离，使用光学变焦以外的变焦，拍摄动态影像时记录设置设为"100p"选项，慢和快动作拍摄时的帧速率设为"100fps"选项时，无法使用人脸检测功能。

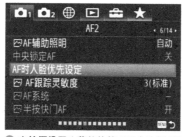

❶ 在**拍摄设置 1 菜单**的第 6 页中选择 AF **时人脸优先设定**选项

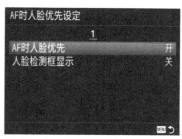

❷ 按下▼或▲方向键选择所需选项

❸ 如果在步骤❷中选择了 AF **时人脸优先**选项，按下▼或▲方向键选择**开**或**关**选项

❹ 如果在步骤❷中选择了**人脸检测框显示**选项，按下▼或▲方向键选择**开**或**关**选项

▲ 在拍摄环境人像时，可以启用人脸检测功能，以优先针对人脸对焦（焦距：70mm　光圈：F4　快门速度：1/200s　感光度：ISO200）

在不同的拍摄方向上自动切换对焦点

在水平或垂直方向切换拍摄时，常常遇到的一个问题就是，在切换至不同的方向向时，会使用不同的自动对焦点。在实际拍摄时，如果每次切换拍摄方向都重新选择对焦框或对焦区域无疑是非常麻烦的，利用"换垂直和水平 AF 区"功能，可以实现在使用不同的拍摄方向拍摄时相机自动切换对焦框或对焦区域的目的。

■关：选择此选项，无论如何在横拍与竖拍之间进行切换，对焦框或对焦区域的位置都不会发生变化。

■仅AF点：选择此选项，相机可记住水平、垂直（相机快门侧朝上）、垂直（相机快门侧朝下）方向最后一次使用对焦框的位置。当拍摄时改变相机的取景方向时，相机会自动切换到相应方向记住的对焦框位置。

■AF点+AF区域：选择此选项，相机可记住水平、垂直（相机快门侧朝上）、垂直（相机快门侧朝下）方向最后一次使用对焦框或对焦区域的位置。当拍摄时改变相机的取景方向时，相机会自动切换到相应方向记住的对焦框或对焦区域位置。

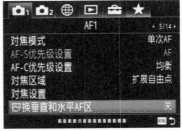

❶ 在**拍摄设置 1 菜单**的第 5 页中选择**换垂直和水平 AF 区**选项

❷ 按下▼或▲方向键选择所需选项，然后按下控制拨轮中央按钮确认

▲ 当选择"AF 点 +AF 区域"选项时，每次水平握持相机时，相机会自动切换到上次以此方向握持相机拍摄时使用的对焦框上（或对焦区域）

▲ 当选择"AF 点 +AF 区域"选项时，每次垂直方向（相机快门侧朝上）握持相机时，相机会自动切换到上次以此方向握持相机拍摄时使用的对焦框上（或对焦区域）

▲ 当选择"AF 点 +AF 区域"选项时，每次垂直方向（相机快门侧朝下）握持相机时，相机会自动切换到上次以此方向握持相机拍摄时使用的对焦框上（或对焦区域）

注册自动对焦区域以便一键切换对焦点

在 SONY α7RⅢ中可以利用"AF 区域注册功能"菜单先注册好使用频率较高的自动对焦点，然后利用"自定义键"菜单将某一个按钮功能注册为"保持期间注册 AF 区域"，以便在以后的拍摄过程中，如果遇到了需要使用此自动对焦点才可以准确对焦的情况，通过按下自定义的按钮，可以马上切换到已注册好的自动对焦点，从而使拍摄操作更加流畅、快捷。

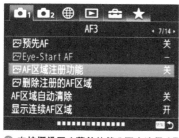
❶ 在**拍摄设置 1 菜单**的第 7 页中选择 **AF 区域注册功能**选项

❷ 按下▼或▲方向键选择**开**或**关**选项，然后按下控制拨轮中央按钮确认

❸ 回到显示屏拍摄界面，使用多功能选择器选择所需的对焦框位置

❹ 长按 Fn 按钮注册所选的对焦框

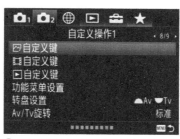
❺ 在**拍摄设置 2 菜单**的第 8 页中选择 **自定义键**选项

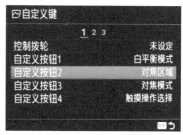
❻ 按下▼或▲方向键选择要注册的按钮选项，然后按下控制拨轮中央按钮确认（此处以自定义按钮 2 为例）

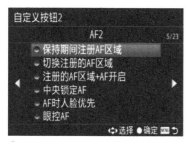
❼ 按下◀或▶方向键切换到第 5 功能选项页面，按下▼或▲方向键选择**保持期间注册 AF 区域**或**切换注册的 AF 区域**选项，然后按下控制拨轮中央按钮确认

❽ 在拍摄时要使用此功能，只需要按下第❻步中被分配好功能的按钮，如在此处被分配的是 C2 按钮

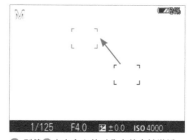
❾ 则第❸步中定义的对焦点就会被激活，成为当前使用的对焦点

手动对焦

SONY α7RⅢ微单相机提供了两种手动对焦模式,一种是"DMF(直接手动对焦)",另一种是"MF(手动对焦)",虽然同属于手动对焦模式,但这两种对焦模式却有较大区别,下面分别进行介绍。

❶ 在**拍摄设置 1 菜单**中第 5 页选择**对焦模式**选项

MF(手动对焦)

遇到下面的情况,相机的自动对焦系统往往无法准确对焦,此时就要采用 MF(手动对焦)模式。使用此模式拍摄时,摄影师可以通过转动镜头上的对焦环进行对焦,以实现精确对焦。

❷ 按下▼或▲方向键选择 DMF 或 MF 选项

- 画面主体处于杂乱的环境中,例如拍摄杂草后面的花朵。
- 画面属于高对比、低反差的画面,例如拍摄日出、日落。
- 弱光摄影,例如拍摄夜景、星空。
- 距离太近的题材,例如拍摄昆虫、花卉等。
- 主体被覆盖,例如拍摄动物园笼子中的动物等。
- 对比度很低的景物,例如拍摄纯的蓝天、墙壁。
- 距离较近且相似程度又很高的题材,例如照片翻拍等。

▼ 拍摄微距题材时,应该优先考虑使用手动对焦模式对主体对焦,以确保主体的清晰(焦距:90mm 光圈:F6.3 快门速度:1/400s 感光度:ISO200)

DMF（直接手动对焦）

虽然这种对焦模式被称为"直接手动对焦"，但实际上在操作时，先是由相机自动对焦，再由摄影师手动对焦。即拍摄时需要先半按快门按钮，由相机自动对焦，在保持半按快门状态的情况下，转动镜头对焦环切换为手动对焦状态，然后对对焦环进行微调，完成对焦后，直接按下快门按钮完成拍摄。

此对焦模式适用于拍摄距离较近、拍摄对象较小或较难对焦的景物。另外，当需要精准对焦或担心自动对焦不够精准时，亦可采用此对焦方式。

▲ 不同镜头的对焦环与变焦环位置不一样，在使用时只需尝试一下，即可分清

在拍摄这张小清新照片时，使用了 DMF（直接手动对焦）模式，先由相机自动对焦这一枝花，然后摄影师直接拧动对焦环微调对焦，按下快门进行拍摄（焦距：100mm 光圈：F2.8 快门速度：1/800s 感光度：ISO320）

使用"MF帮助"功能辅助手动对焦

MF 帮助功能的作用是在手动对焦模式下，相机将在取景器或液晶显示屏中放大照片，以方便摄影师进行对焦操作。

当此功能被设置为"开"时，使用手动对焦功能时，只要转动对焦环调节对焦，取景器或液晶显示屏中显示的照片就会自动放大。观看放大显示的照片时，可以使用控制拨轮上的▲、▼、◀、▶方向键滚动照片。

按下删除按钮可显示画面的中央位置；半按快门可使照片恢复到正常显示比例。

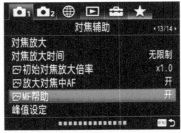

❶ 在**拍摄设置1菜单**的第13页中选择 MF 帮助选项

❷ 按下▼或▲方向键选择**开**或**关**选项

▲ 在拍摄美食时，清晰的对焦关系着美食的诱人程度，因此，使用手动对焦是必要的，而开启"MF 帮助"功能则可以将画面自动放大，使手动对焦更方便（焦距：90mm 光圈：F5.6 快门速度：1/160s 感光度：ISO100）

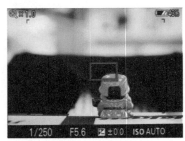

❸ 选择**开**选项进入拍摄状态，即可使用 MF **帮助**功能了

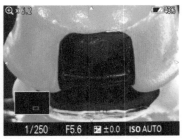

❹ 转动镜头上的对焦环，照片自动被放大，按下控制拨轮上的▲、▼、◀、▶方向键可详细检查对焦点位置是否清晰

◀ 在拍摄蜻蜓时可以开启"MF 帮助"功能，将蜻蜓的复眼与布满纹理的翅膀拍摄得更清晰（焦距：30mm 光圈：F5.6 快门速度：1/200s 感光度：ISO400）

设置对焦放大时间的长度

当开启"对焦放大"或"MF 帮助"功能时，照片自动放大的显示时间默认只有短短的两秒钟，即照片被放大 2 秒后，便会恢复到正常显示比例。但由于手动对焦是比较细致、花时间的工作，因此多数情况下在两秒钟内无法完成对焦检查工作。

如果希望以更长的时间显示放大状态的照片，可以通过设置"对焦放大时间"选项来实现。

例如，可以将其设置为"无限制"，使相机处于手动对焦状态，取景器或液晶显示屏中的照片一直处于放大显示状态，以从容检查对焦情况，完成检查工作后，可以直接按下快门按钮进行拍摄，或者半按快门按钮返回正常显示比例状态。

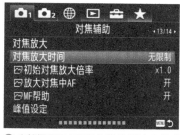

❶ 在**拍摄设置 1 菜单**的第 13 页中选择**对焦放大时间**选项

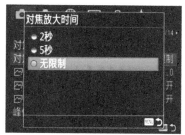

❷ 按下▼或▲方向键选择所需选项

▼ 在拍摄昆虫时，为了获得清晰、锐利的照片，需要精确对焦，因此可以通过"对焦放大时间"选项，将对焦放大的时间设置得长一些（焦距：90mm 光圈：F11 快门速度：1/250s 感光度：ISO100）

暂时切换自动对焦与手动对焦

使用自动对焦模式拍摄时，如果突然遇到无法自动对焦或需要使用手动对焦进行拍摄的题材，可以通过临时切换为手动对焦模式进行对焦，以提高拍摄成功率。

临时切换对焦模式的功能可以在"自定义键"菜单里进行注册。通过将此功能注册到一个按钮，然后拍摄时只要按下该按钮，便可实现临时切换对焦模式的操作。

当在"自定义键"菜单中选择了要注册的一个按钮后，如果选择"AF/MF 控制保持"选项时，只有按住该注册按钮，才能够暂时切换对焦模式，当释放该注册按钮后，则返回至初始对焦模式。

当选择"AF/MF 控制切换"选项时，按下并释放该注册按钮，即进行对焦模式切换。如果需要返回初始对焦模式，可再次按下该注册按钮。

▼ 旅行时可能会在某个小店中不经意间发现类似水晶木马之类的可爱物件，此时，可以暂时切换为手动对焦模式，将其拍摄下来（焦距：50mm 光圈：F2.8 快门速度：1/200s 感光度：ISO200）

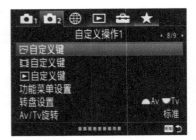

❶ 在**拍摄设置 2 菜单**的第 8 页中选择☑**自定义键**选项

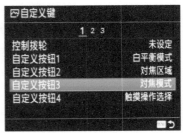

❷ 按下◀或▶方向键选择 1 序号，按下▼或▲方向键选择**自定义按钮 3** 选项，然后按下控制拨轮中央按钮（此处以自定义按钮 3 为例）

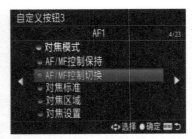

❸ 按下▼或▲方向键选择 AF/MF **控制保持**或 AF/MF **控制切换**选项

▲ 当按照上面的操作步骤将功能注册到自定义按钮 3 时，如果需要切换对焦模式时，按下自定义按钮 3 即可 📷

使用峰值判断对焦状态

认识峰值

峰值是一种独特的用于辅助对焦的显示功能，开启此功能后，在使用手动对焦模式进行拍摄时，如果被摄对象对焦清晰，则其边缘会出现标示色彩（通过"峰值色彩"进行设定）轮廓，以方便拍摄者辨识。

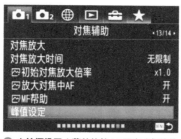

❶ 在**拍摄设置1菜单**的第13页中选择**峰值设定**选项

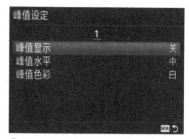

❷ 按下▼或▲方向键选择**峰值显示**选项

设置峰值强弱水准

在"峰值水平"菜单中可以设置峰值显示的强弱程度，包含"高""中"和"低"3个选项，分别代表不同的强度，等级越高，颜色标示越明显。

❸ 按下▼或▲方向键选择**开**或**关**选项

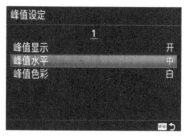

❹ 如果在❷中选择了**峰值水平**选项

设置峰值色彩

通过"峰值色彩"菜单可以设置在开启"峰值水平"功能时，用于在被摄对象边缘标示峰值的色彩，白色是默认设置。

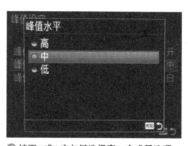

❺ 按下▼或▲方向键选择**高**、**中**或**低**选项

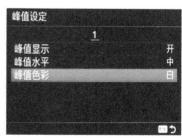

❻ 如果在❷中选择了**峰值色彩**选项

高手点拨

在拍摄时，需要根据被摄对象的颜色，选择与主体反差较大的色彩，例如拍摄高调对象时，由于大面积为亮色调，所以不适合选择"白"选项，而应该选择与被摄对象的颜色反差较大的红色。

❼ 按下▼或▲方向键选择所需的颜色选项

▲ 开启峰值功能后，相机会用指定的颜色将准确合焦的主体边缘轮廓标示出来，如上方示例图是红色显示的效果

Chapter 09

利用 SONY α7RⅢ
拍出个性化照片与视频

焦距：200mm 光圈：F5.6 快门速度：1/60s 感光度：ISO200

利用照片效果为拍摄增加趣味

虽然使用现在流行的后期处理软件，可以很方便地为照片添加各种效果，但考虑到有一些摄影师并不习惯使用数码照片后期处理软件，因此 SONY α7RⅢ提供了能够为照片添加多种滤镜效果的"照片效果"功能，能够拍出玩具相机、流行色彩、复古照片、局部彩色、丰富色调黑白等效果的个性照片。

设置照片效果有利用 Fn 按钮和通过菜单设定两种方法。

▲ 在拍摄待机屏幕显示状态下，按下 Fn 按钮，然后按下控制拨轮上的◀、▶、▲、▼方向键选择照片效果选项，转动前转盘选择所需照片效果模式，当选择能够进行详细设定的模式时，转动后转盘可以设置详细参数。或者按下控制拨轮中央按钮，然后按下▲或▼方向键选择照片效果模式选项，再按下◀或▶方向键进行详细设置

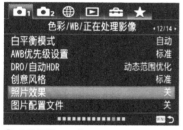

❶ 在**拍摄设置**1**菜单**的第 12 页中选择**照片效果**选项

❷ 按下▼或▲方向键选择所需模式

❸ 当选择能够进行详细设定的模式时，按下◀或▶方向键进行选择，然后按下控制拨轮中央按钮确定

■关：选择此选项，则关闭照片效果功能。
■玩具相机：选择此选项，将创建四角暗淡且色彩鲜明的玩具相机照片效果。按下◀或▶方向键设定色调，可以选择"标准""冷色""暖色""绿色""品红色"5个色调选项。

■流行色彩：选择此选项，将通过增加饱和度来强调画面色调，可以使画面更加生动。

■色调分离：选择此选项，将通过强调原色或使用黑白色来创建高对比度且抽象的效果。按下◀或▶方向键可以选择黑白或彩色选项。

■复古照片：选择此选项，将通过褐色色调且减少对比度来制造旧照片的感觉。

■柔光亮调：选择此选项，可以选择明亮、透明、缥缈、轻柔、柔和氛围来创建照片，比较适合拍摄唯美人像。

■局部彩色：选择此选项，将创建保留所选择的色彩，而画面其他颜色转变为黑白的照片。按下◀或▶方向键选择要保留的色彩，可以选择"红""绿""蓝""黄"4个颜色选项。

■强反差单色：选择此选项，将创建对比度强烈的黑白照片。

■丰富色调黑白：选择此选项，将通过连拍3张照片来合成一张具有丰富细节的黑白照片。

利用创意风格增强照片的视觉效果

了解13种不同创意风格

简单来说，创意风格就是相机依据不同拍摄题材的特点而进行的一些色彩、锐度及对比度等方面的校正。例如，在拍摄风光题材时，可以选择色彩较为艳丽、锐度和对比度都较高的"风景"创意风格，使拍摄出来的风景照片的细节看上去更清晰，色彩看上去更浓郁。

SONY α7RⅢ微单相机提供了 13 种预设创意风格，下面依次讲解各选项的作用。

- ■标准：此创意风格是最常用的照片风格，使用该创意风格拍摄的照片画面清晰，色彩鲜艳、明快。
- ■生动：此创意风格会增强饱和度和对比度，用于拍摄具有丰富色彩的场景和被摄体（如花朵、春绿、蓝天、海景）。
- ■中性：此创意风格适合偏爱计算机图像处理的读者，由于饱和度及锐度被减弱，所以使用该创意风格拍摄的照片色彩较为柔和、自然。
- ■清澈：此创意风格用于捕捉高亮区域具有透明色彩和清晰色调的照片，适合拍摄闪闪发光的画面。
- ■深色：此创意风格对于深沉的色彩具有较强的表现力，适合拍摄色彩较深沉的被摄体。
- ■轻淡：此创意风格对于明亮而简单的色彩具有较强的表现力，适合拍摄清爽的亮光环境。
- ■肖像：使用此创意风格拍摄人像时，人的皮肤会显得更加柔和、细腻。
- ■风景：此创意风格会增强画面的饱和度、对比度和锐度，用于拍摄生动鲜明的场景。
- ■黄昏：此创意风格用于拍摄落日的美丽晚霞。
- ■夜景：此创意风格会减弱画面的对比度，用于拍摄更加贴近真实景色的夜景。
- ■红叶：此创意风格用于拍摄秋景，能够突出鲜明的红色及黄色树叶的色彩。
- ■黑白：此创意风格用于拍摄黑白单色调照片。
- ■棕褐色：此创意风格用于拍摄棕褐色单色调照片。

❶ 在**拍摄设置 1 菜单**的第 12 页中选择**创意风格**选项

❷ 按下▼或▲方向键选择所需创意风格，然后按下控制拨轮中央按钮确认

高手点拨

在拍摄时，如果拍摄题材常有大的变化，建议使用"标准"创意风格，比如在拍摄人像题材后再拍摄风光题材时，这样就不会造成风光照片不够锐利的问题，属于比较中庸和保险的选择。

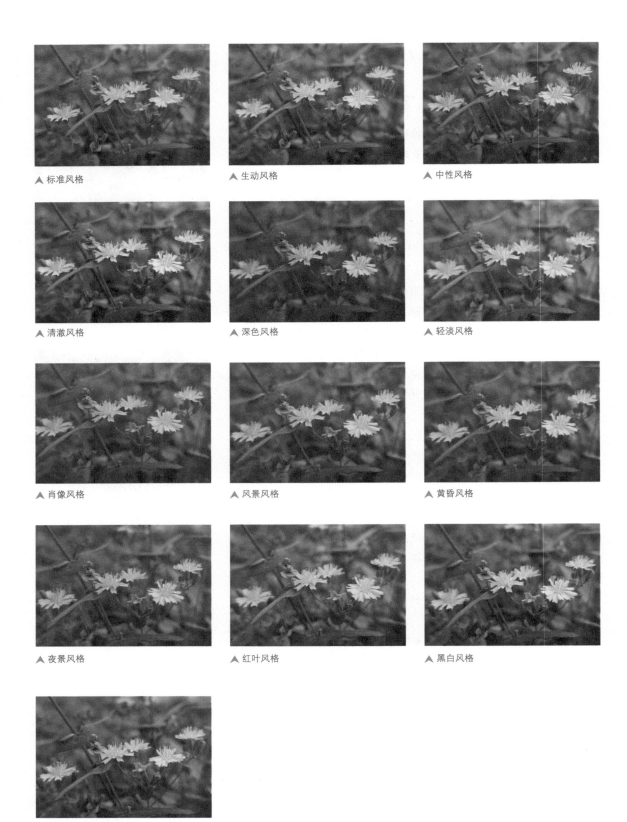

▲ 标准风格　　　　　　　　▲ 生动风格　　　　　　　　▲ 中性风格

▲ 清澈风格　　　　　　　　▲ 深色风格　　　　　　　　▲ 轻淡风格

▲ 肖像风格　　　　　　　　▲ 风景风格　　　　　　　　▲ 黄昏风格

▲ 夜景风格　　　　　　　　▲ 红叶风格　　　　　　　　▲ 黑白风格

▲ 棕褐色风格

修改创意风格参数

在前面讲解的预设创意风格中，读者可以根据需要修改其中的参数，以满足个性化的需求。在选择某一种创意风格后，按下控制拨轮上的▶方向键，即可进入其详细设置界面。

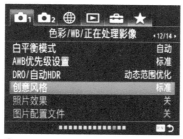

❶ 在**拍摄设置 1 菜单**的第 12 页中选择**创意风格**选项

❷ 按下▼或▲方向键选择所需创意风格，然后按下▶方向键

❸ 按下◀或▶方向键选择要编辑的参数选项，此处以选择**对比度**为例进行讲解

❹ 按下▼或▲方向键调整参数的数值，然后按下控制拨轮中央按钮确认

按照类似的方法，还可以对饱和度及锐度两个选项进行调整。调整完毕后，按下控制拨轮中央按钮，将保存已调整的参数并返回拍摄状态。

■对比度：控制图像的反差及色彩的鲜艳程度。按下▲方向键增加数值则提高反差，图像变得越来越明快；按下▼方向键减少数值则降低反差，图像变得越来越柔和。

▲ 设置对比度前（+0）后（+3）的效果对比

■饱和度：控制色彩的鲜艳程度。按下▲方向键增加数值则提高饱和度，色彩变得越来越艳；按下▼方向键减少数值则降低饱和度，色彩变得越来越淡。

▲ 设置饱和度前（+0）后（+3）的效果对比

■锐度：控制图像的锐度。按下▲方向键增加数值则提高锐度，照片变得越来越清晰；按下▼方向键减少数值则降低锐度，照片变得越来越模糊。

▲ 设置锐化前（+0）后（+3）的效果对比

拍出影音俱佳的视频

认识SONY α7RⅢ的视频拍摄功能

使用 SONY α7RⅢ微单相机拍摄视频的操作比较简单，在默认设置下，按下红色的 MOVIE 按钮可以从任何照相模式下切换为视频拍摄模式，再次按下 MOVIE 按钮则停止拍摄。右图是在屏幕中显示的常用参数。

① 照相模式
② 动态影像的可拍摄时间
③ SteadyShot关/开
④ 动态影像的文件格式
⑤ 动态影像的帧速率
⑥ 动态影像的记录设置
⑦ 剩余电池电量
⑧ 对焦框
⑨ 测光模式
⑩ 白平衡模式
⑪ 动态范围优化
⑫ 创意风格
⑬ 照片效果
⑭ ISO感光度
⑮ 曝光补偿
⑯ 光圈值
⑰ 音频电平
⑱ 快门速度
⑲ 图片配置文件
⑳ AF时人脸优先
㉑ 对焦区域模式
㉒ 对焦模式

在拍摄视频的过程中，仍然可以切换光圈、快门速度等参数，其方法与拍摄静态照片时的设置方法基本相同，故此处不再进行详细讲解。

在拍摄视频的过程中，连续按 DISP 按钮，可以在不同的信息显示内容之间进行切换，从而以不同的取景模式进行显示。

▲ 显示全部信息

▲ 无显示信息

▲ 柱状图

▲ 数字水平量规

以预设色彩拍摄视频

图片配置文件原先常见于索尼的专业摄影机中，它可以控制拍摄出来影像的效果，使拍出的视频画面具有高动态范围或者具有电影色调效果，随着索尼微单相机在视频拍摄方面功能的提升，所以新一代的几款微单相机也都加入了"图像配置文件"功能。

此功能与"创意风格"功能类似，但其可以进行更专业、更细致的调整。在 SONY α7RⅢ微单相机中内置有 10 款图像配置文件，每款都是索尼预设的色彩组合，如果嫌麻烦不想改动设置，那么在 PP1~PP10 间选择所需的模式应用即可。如果想获得更为个性化的色彩，读者可以菜单中自定义设置不同的选项。

① 在**拍摄设置 1 菜单**的第 12 页中选择**图片配置文件**选项

② 按下▼或▲方向键选择所需的选项，然后按下▶方向键进入详细设置界面

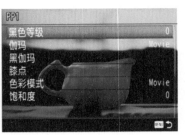

③ 按下▼或▲方向键选择要修改的选项，然后按下控制拨轮中央按钮

④ 如果在步骤②中选择了**黑色等级**选项，按下▼或▲方向键选择所需的数值选项

⑤ 如果在步骤②中选择了**伽马**选项，按下▼或▲方向键选择所需的伽马选项

⑥ 如果在步骤②中选择了**黑伽马**选项，按下▼或▲方向键可以选择**范围**和**等级**两个选项

⑦ 如果在步骤⑥中选择了**范围**选项，按下▼或▲方向键选择所需的范围选项

⑧ 如果在步骤⑥中选择了**等级**选项，按下▼或▲方向键选择所需的数值选项

■**黑色等级**：在此选项中可以调整画面中黑色区域的深浅。可调整范围是±15，向负值调整会加强黑色，画面的颜色变得更加鲜艳，但是暗部会因黑色色彩较深而损失细节；向正值调整会提升黑色，画面的颜色会变灰，对比度降低。

■伽马：根据不同亮度下的不同反应值获得的曲线，就是伽马曲线。在伽马选项中，可以选择不同的伽马曲线选项，从而获得不同的画面对比度。可供选择的选项有Movie、Still、Cine1、Cine2、Cine3、Cine4、ITU709、ITU709（800%）、S-Log2、S-Log3、HLG、HLG1、HLG2、HLG3等。

■Movie：选择此选项，是视频模式用的标准伽马曲线。"PP1"选项就是使用此伽马的示例设置。

■Still：选择此选项，是静止影像用的标准伽马曲线。"PP2"选项就是使用此伽马的示例设置。

■Cine1：选择此选项，可以柔化暗部的反差，强调亮部的层次以获得具有轻快色彩的视频画面。"PP5"选项就是使用此伽马的示例设置。

■Cine2：类似于"Cine1"选项，但在此模式下进行了优化，以适应可以最高100%的视频信号进行编辑。"PP6"选项就是使用此伽马的示例设置。

■Cine3/Cine4："Cine3"与"Cine1"相比，更加强化了亮度和暗部的反差，并且增强黑色的层次。而"Cine4"与"Cine3"相比，更加增强了暗部的对比度。

■ITU709：相当于ITU709的伽马曲线。"PP3"和"PP4"选项就是使用此伽马的自然色调和标准色调的示例设置。

■ITU709（800%）：以使用"S-Log2"或"S-Log3"拍摄为前提的场景确认用的伽马曲线。

■S-Log2：使用此伽马曲线拍摄，会保留画面中亮部与暗部的细节，大大提升画面的宽容度，不过画面会比没用伽马曲线要灰，因此需要后期再对色彩进行调整。"PP7"选项就是使用此伽马的示例设置。

■S-Log3：此伽马曲线与胶片色调类似，不过与"S-Log2"一样，同样需要后期再对色彩进行调整。"PP8"选项就是使用"色彩模式下"的"S-Log3"伽马和"S-Gamt3.Cine"的组合示例设置。而"PP9"选项则是使用"色彩模式下"的"S-Log3"伽马和"S-Gamt3"的组合示例设置。

■HLG/HLG1/HLG2/HLG3：这4个选项都是HDR录制用的伽马曲线，是SONY α7RⅢ微单相机的新功能之一，使用这4个伽马曲线都能够录制出阴影和高光部分都具有丰富细节，并且色彩鲜艳的HDR视频，而无需后期再进行色彩处理。这4个选项之间的区别是动态范围的宽窄和降噪处理强度，其中"HLG1"在降噪方面控制得最好，而"HLG3"则动态范围更宽广，能够获得更多的细节。"PP10"选项就是使用"HLG2"伽马的示例设置。

■黑伽马：用于控制图像阴影部分的层次，而画面的中间区域和高光区域则不受影响。可以对"范围"和"等级"两个参数进行调整，在"范围"选项中选择的范围越宽，调整的区域则越大，反之亦然；在"等级"选项中，向正值调整可以提升暗部亮度，向负值调整，则加大暗部的反差。

▶ 使用"HLG2"伽马录制视频，可以得到高光与暗部区域都具有丰富细节和色彩的画面

❶ 如果在**图片配置文件**的详细设置界面中选择了**膝点**选项，按下▼或▲方向键可以选择**模式**、**自动设定**和**手动设定** 3 个选项

❷ 如果在步骤❶中选择了**模式**选项，按下▼或▲方向键可以选择**自动**或**手动**选项

❸ 如果在步骤❶中选择了**自动设定**选项，按下▼或▲方向键可以对**最大点**和**灵敏度**选项进行设置

❹ 如果在步骤❶中选择了**手动设定**选项，按下▼或▲方向键可以对**点**和**斜率**选项进行设置

❺ 如果在**图片配置文件**的详细设置界面中选择了**色彩模式**选项，按下▼或▲方向键可以选择所需的色彩选项

❻ 如果在**图片配置文件**的详细设置界面中选择了**饱和度**选项，按下▼或▲方向键可以选择所需的数值选项

❼ 如果在**图片配置文件**的详细设置界面中选择了**色彩相位**选项，按下▼或▲方向键可以选择所需的数值选项

■膝点：用于控制图像高光区域，将高光区域的信息压缩在相机的动态范围之内来防止曝光过度。包含"模式""自动设定"和"手动设定" 3 个选项，如果在模式中选择"自动"选项，则由相机自动设定膝点和斜率，选择"手动"选项，则由摄影爱好者手动设定膝点和斜率。当模式设置为"自动"选项时，可以设置"最大点"（即设定膝点的最高点）和"灵敏度"两个选项；当模式设定为"手动"选项时，可以对"点"和"斜率"分别进行调节。"点"即指开始压缩的亮度起始点；在"斜率"选项中，如果向负值设置，则画面中的高光被压缩的多，高光处的细节也就显示出更多，但画面饱和度会降低，显得较灰，可通过调节色彩进行补偿；向正值设置，则画面中的高光被压缩的少，高光处的细节也就减少，但画面会比较明亮。

■色彩模式：提供有11种色彩模式选项，以获得更具艺术感的影像。不过在"HLG""HLG1""HLG2"和"HLG3" 4种伽马设置下，只可以使用"BT.2020"和"709"两种色彩模式。

■饱和度：可以在±32之间增加或减少画面的色彩饱和度。比如使用了膝点，高光区域损失的色彩可以通过此选项来适当补偿。

■色彩相位：可以在-7（偏向黄绿）至+7（偏向紫红）调整色彩的色相。调整此选项，不会影像画面的白平衡和色彩亮度。

① 如果在**图片配置文件**的详细设置界面中选择了**色彩浓度**选项

② 按下▼或▲方向键选择要修改的色彩选项，然后按下控制拨轮中央按钮

③ 按下▼或▲方向键选择所需的数值选项

④ 如果在**图片配置文件**的详细设置界面中选择了**细节**选项，按下▼或▲方向键可以选择**等级**和**调整**选项

⑤ 如果在步骤④中选择了**等级**选项，按下▼或▲方向键选择所需的数值选项，然后按下控制拨轮中央按钮确定

⑥ 如果在步骤④中选择了**调整**选项，按下▼或▲方向键选择可以选择要调整的选项，进行进一步设置

⑦ 如果在**图片配置文件**的详细设置界面中选择了**复制**选项，按下▼或▲方向键选择一个选项

⑧ 按下▼或▲方向键选择**确定**选项，然后按下控制拨轮中央按钮即可复制所选的模式

⑨ 如果在**图片配置文件**的详细设置界面中选择了**复位**选项，按下▼或▲方向键选择**确定**选项，即可将当前的PP模式的设置复位到默认状态

■色彩浓度：可以调整各色相的色彩浓度。向正值设置的数值越高，画面的颜色会越深，向负值设定的数值越低，画面的颜色会越浅。所有选项可以在±7设置，可设置的色彩选项有R（红）、G（绿）、B（蓝）、C（青）、M（品红）、Y（黄）。

■细节：包含"等级"和"调整"2个选项。在"等级"选项中，可以在±7设定画面细节的等级；在"调整"选项中，可以对模式、V/H平衡（垂直和水方向的细节）、B/W平衡（较低和较高细节之间的平衡）、限制、Crispning（边缘轮廓的锐度等级）和高亮细节6个项目进行设置。

■复制：可以将当前图片配置文件的设置复制到其他号码的图片配置文件中。

■复位：可以将当前修改过的图片配置文件参数设置恢复到默认设置。

高手点拨

总的来说，如果想要调整影像的层次，可以对"黑色等级""伽马""黑伽马"和"膝点"进行调整；如果想要调整影像的色彩，可以对"色彩模式""饱和度""色彩相位""色彩浓度"选项进行调整；而想要调整画面的细节，则修改"细节"选项里的设置即可。

图片配置文件的设定同样可以应用到静态照片拍摄中，所以在拍摄时要注意因题材的改变而修改相关设置。如果在拍摄时不想使用图片配置文件，可以选择"关"选项。

拍摄快或慢动作视频

快或慢动作视频分为快动作拍摄和慢动作拍摄两种。快动作拍摄是记录长时间的变化现象（如云彩、星空的变化，花卉开花的过程等），然后播放时以快速进行播放，从而在短时间之内即可重现事物的变化过程，能够给人强烈的视觉震撼。

慢动作拍摄适合拍摄高速运动题材（如飞溅的浪花、腾空的摩托车、起飞的鸟儿等），可以将短时间内的动作变化以更高的帧速率记录下来，并且在播放时可以以 4 倍或 2 倍慢速播放，使观众可以更清晰地看到运动中的每个细节。

使用 SONY α7RⅢ微单相机拍摄快或慢动作视频的操作步骤如下方所示。

❶ 按下模式旋钮锁释放按钮并旋转模式旋钮选择 S&Q 模式

❷ 在**拍摄设置 2 菜单**的第 1 页中选择 **曝光模式**选项

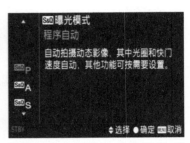

❸ 按下▼或▲方向键选择一个模式选项，然后按下控制拨轮中央按钮

❹ 在**拍摄设置 2 菜单**的第 1 页中选择**慢和快设置**选项

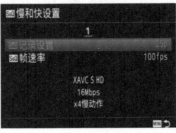

❺ 按下▼或▲方向键选择**记录设置**或**帧速率**选项，然后按下控制拨轮中央按钮

❻ 如果在步骤❺中选择**帧速率**选项，按下▼或▲方向键选择所需的帧速率选项，然后按下控制拨轮中央按钮确定

S&Q 帧速率	S&Q 记录设置	
	25p	50p
100fps	4 倍慢速	—
50fps	2 倍慢速	通常的播放速度
25fps	通常的播放速度	2 倍快速
12fps	2.08 倍快速	4.16 倍快速
6fps	4.16 倍快速	8.3 倍快速
3fps	8.3 倍快速	16.6 倍快速
2fps	12.5 倍快速	25 倍快速
1fps	25 倍快速	50 倍快速

❼ 按下红色的 MOVIE 按钮即可开始录制，当录制完成后再次按下 MOVIE 按钮结束录制

注意：帧速率设置为"100fps"选项时，无法将记录设置设定为"50p"选项。

设置文件格式（视频）

在 "文件格式"菜单中可以选择动态影像的录制格式，包含"XAVC S 4K""XAVC S HD"和"AVCHD"3个选项。

■XAVC S 4K：选择此选项，以4K分辨率记录XAVC S标准的25p视频。

■XAVC S HD：选择此选项，记录XAVC S标准的25p/50p/100p视频。

❶ 在**拍摄设置2菜单**的第1页中选择**文件格式**选项

❷ 按下▼或▲方向键选择所需文件格式选项

■AVCHD：选择此选项，将以AVCHD格式录制50i视频。此文件格式适用于在高清电视机上观看动态影像。

设置MOVIE按钮功能

在默认设置下，直接按下MOVIE按钮可以从任何曝光模式开始录制视频，而如果将"MOVIE按钮"选项设定为"仅动态影像模式"，则只能在模式旋钮转至 **▉** 或 **S&Q** 时，才可以切换为录制视频状态，即使按MOVIE按钮也不会录制视频，这样可以避免误操作。

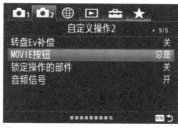

❶ 在**拍摄设置2菜单**的第9页中选择**MOVIE 按钮**选项

❷ 按下▼或▲方向键选择**总是**或**仅动态影像模式**选项

设置曝光模式

如果将"MOVIE按钮"选项设定为"仅动态影像模式"选项时，通过"曝光模式"菜单，读者可以选择以哪一种曝光模式拍摄视频。

若选择了P模式，可以由相机自动设定快门速度和光圈；选择了A模式，可以手动调整光圈值，选择了S模式，可以手动调整快门速度值，选择了M模式，可以手动设定快门速度和光圈。

❶ 在**拍摄设置2菜单**的第1页中选择**▉曝光模式**选项

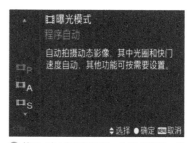

❷ 按下▼或▲方向键选择一个模式选项，然后按下控制拨轮中央按钮

设定完成后，将相机顶部的模式旋钮转至 **▉** 位置，然后按下MOVIE按钮，即可使用所选择的曝光模式开始录制视频。

设置"记录设置"

在"记录设置"菜单中可以选择录制视频的帧速率和影像质量。选择不同的选项拍摄时,所获得的视频清晰度不同,占用的空间也不同。

SONY α7RⅢ微单相机支持的视频记录尺寸见下表。

① 在**拍摄设置2菜单**的第1页中选择**记录设置**选项

② 按下▼或▲方向键选择所需选项

文件格式:XAVC S 4K	平均比特率	记录
25P 100M	100Mbps	录制3840×2160(25p)尺寸的最高画质视频
25P 60M	60Mbps	录制3840×2160(25p)尺寸的高画质视频
文件格式:XAVC S HD	**平均比特率**	**记录**
50P 50M	50Mbps	录制1920×1080(50p)尺寸的高画质视频
50P 25M	25Mbps	录制1920×1080(50p)尺寸的高画质视频
25P 50M	50Mbps	录制1920×1080(25p)尺寸的高画质视频
25P 16M	16Mbps	录制1920×1080(25p)尺寸的高画质视频
100P 100M	100Mbps	录制1920×1080(100p)尺寸的视频,使用兼容的编辑设备,可以制作更加流畅的慢动作视频
100P 60M	60Mbps	录制1920×1080(100p)尺寸的视频,使用兼容的编辑设备,可以制作更加流畅的慢动作视频
文件格式:AVCHD	**平均比特率**	**记录**
50i 24M(FX)	24 Mbps	录制1920×1080(50i)尺寸的高画质视频
50i 17M(FH)	17 Mbps	录制1920×1080(50i)尺寸的标准画质视频

设置录音

在使用SONY α7RⅢ微单相机录制视频时,可以通过"录音"菜单设置是否录制现场的声音。

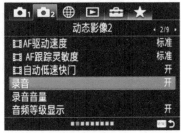

① 在**拍摄设置2菜单**的第2页中选择**录音**选项

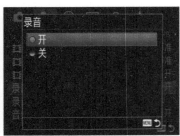

② 按下▼或▲方向键选择**开**或**关**选项,然后按下控制拨轮中央按钮

设置录音音量

当开启录音功能时，可以通过"麦克风"菜单设置录音的等级。

在录制现场声音较大的视频时，设定较低的录音电平可以记录具有临场感的音频。

录制现场声音较小的视频时，设定较高的录音电平可以记录容易听取的音频。

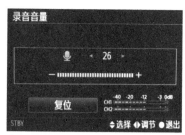

❶ 在**拍摄设置 2 菜单**的第 2 页中选择**录音音量**选项

❷ 按下◀或▶方向键选择所需等级，然后按下控制拨轮中央按钮确定

设置Proxy录制

如果在"Proxy 录制"菜单中选择"开"选项，那么，在录制 XAVC S 格式的视频时，可以同时记录低比特率的 Proxy 视频。

Proxy 视频是用 XAVC S HD 格式（1280×720）以 9Mbps 录制的，因为文件小，因此适合将其传输到智能手机或网站。若开启此功能，需要确保相机的存储卡有足够的剩余空间。

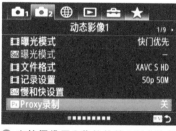

❶ 在**拍摄设置 2 菜单**的第 1 页中选择 Proxy **录制**选项

❷ 按下▼或▲方向键选择**开**或**关**选项

高手点拨

Proxy视频不能在本相机上播放。

自动低速快门

当在光线不断发生变化的复杂环境中拍摄时，有时候被摄体会比较暗。通过将"自动低速快门"选项设置为"开"，则当被摄体较暗时，相机会自动降低快门速度来获得曝光正常的画面；而选择"关"选项时，虽然录制的画面会比选择"开"选项时暗，但是被摄体会更清晰一些，因此能够更好地拍摄动作。

❶ 在**拍摄设置 2 菜单**的第 2 页中选择**自动低速快门**选项

❷ 按下▼或▲方向键选择**开**或**关**选项，然后按下控制拨轮中央按钮

减少风噪声

选择"开"选项，可以减弱通过内置麦克风进入的室外风声噪音，包括某些低音调噪声；在无风的场所进行录制时，建议选择"关"选项，以便录制到更加自然的声音。

此功能对外置麦克风无效。

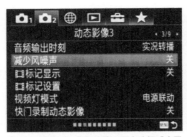

❶ 在**拍摄设置 2 菜单**的第 3 页中选择**减少风噪声**选项

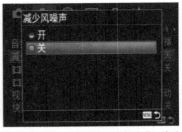

❷ 按下▼或▲方向键选择**开**或**关**选项，然后按下控制拨轮中央按钮

AF驱动速度

在"AF 驱动速度"菜单中，可以设置录制视频时的自动对焦速度。

在录制体育运动等运动幅度很强的画面时，可以设定为"高速"；而如果想要在被摄体移动期间平滑地进行对焦时，则设定为"低速"。

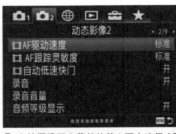

❶ 在**拍摄设置 2 菜单**的第 2 页中选择 AF**驱动速度**选项

❷ 按下▼或▲方向键选择**高速**、**标准**或**低速**选项，然后按下控制拨轮中央按钮

AF跟踪灵敏度

当录制视频时，可通过此菜单设置对焦的灵敏度。

选择"标准"选项，在有障碍物出现或有人横穿从而遮挡被拍摄对象时，相机将忽略障碍对象继续跟踪对焦被摄对象，选择"响应"选项，则相机会忽视原被拍摄对象，转而对焦于障碍对象。

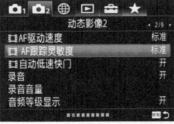

❶ 在**拍摄设置 2 菜单**的第 2 页中选择 AF**跟踪灵敏度**选项

❷ 按下▼或▲方向键选择**响应**或**标准**选项，然后按下控制拨轮中央按钮

焦距：200mm 光圈：F4 快门速度：1/125s 感光度：ISO100

Chapter **10**

掌握Wi-Fi功能设定

使用Wi-Fi功能拍摄的三大优势

自拍时摆造型更自由

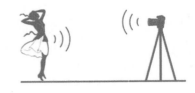

使用手机自拍时，虽然操作方便、快捷，但效果差强人意。而使用数码卡片相机自拍时，虽然效果很好，但操作起来却很麻烦。通常在拍摄前要选好替代物，以便于相机锁定焦点，在自拍时还要准确地站立在替代物的位置，否则有可能导致焦点不实，更不用说还存在是否能捕捉到最灿烂笑容的问题。

但如果使用 SONY α7RIII 微单相机的 Wi-Fi 功能，则可以很好地解决这一问题。只要将智能手机注册到 SONY α7RIII 微单相机的 Wi-Fi 网络中，就可以将相机液晶显示屏中显示的影像，以直播的形式显示到手机屏幕上。这样在自拍时就能够很轻松地确认自己有没有站对位置、脸部是否是最漂亮的角度、笑容够不够灿烂等，通过手机检查后，就可以直接用手机控制快门进行拍摄。

在拍摄时，首先要用三脚架固定相机；然后再找到合适的背景，通过手机观察自己所站的位置是否合适，自由地摆出个人喜好的造型，并通过手中的智能手机确认姿势和构图；最后在远处通过手机控制释放快门完成拍摄。

▼ 使用 Wi-Fi 功能可以在较远的距离进行自拍，不用担心自拍延时时间不够用，又省去了来回奔跑看照片的麻烦，最方便的是可以有更充足的时间摆好姿势（焦距：70mm　光圈：F4　快门速度：1/320s　感光度：ISO200）

在更舒适的环境中遥控拍摄

在 野外拍摄星轨的摄友，大多都体验过刺骨的寒风和蚊虫的叮咬。这是由于拍摄星轨通常都需要长时间曝光，而且为了避免受到城市灯光的影响，拍摄地点通常选择在空旷的野外。因此，虽然拍摄的成果令人激动，但拍摄的过程的确是一种煎熬。

利用 SONY α7RⅢ微单相机的 Wi-Fi 功能可以很好地解决这一问题。只要将智能手机注册到 SONY α7RⅢ微单相机的 Wi-Fi 网络中，就可以在遮风避雨的拍摄场所，如汽车内、帐篷中，通过智能手机进行拍摄。

这一功能对于喜好天文和野生动物摄影的摄友而言，绝对值得尝试。

▼拍摄星轨时，通常需要拍摄很多张照片，然后通过后期的合成得到漂亮的星轨照片，使用 Wi-Fi 功能就可以在帐篷中或汽车内边看手机边拍摄，拍摄更加方便、舒适

以特别的角度轻松拍摄

虽然SONY α7RⅢ微单相机的液晶显示屏是可倾斜屏幕，但如果以较低的角度拍摄，仍然不是很方便，利用SONY α7RⅢ的Wi-Fi功能可以很好地解决这一问题。

当需要以非常低的角度拍摄时，可以在拍摄位置固定好相机，然后通过智能手机的实时显示画面查看图像并释放快门。即使在拍摄时需要将相机贴近地面进行拍摄，拍摄者也只需站在相机的旁边，通过手机控制就能够轻松、舒适地抓准时机进行拍摄。

除了采用非常低的角度外，当以一个非常高的角度进行拍摄时，也可以使用这种方法。

▼ 使用Wi-Fi功能可以以更低的视角拍摄，在拍摄花卉时可以实现离机拍摄，比可倾斜屏还好用，特别是可避免蹲下去拍摄的烦恼（焦距：30mm 光圈：F5 快门速度：1/2000s 感光度：ISO125）

在智能手机上安装Play Memories Mobile

使用智能手机遥控 SONY α7RⅢ微单相机时，需要在智能手机中安装 Play Memories Mobile 程序。Play Memories Mobile 可在 SONY α7RⅢ 微单相机与智能设备之间建立双向无线连接。可将使用照相机所拍的照片下载至智能设备，也可以在智能设备上显示照相机镜头视野从而遥控照相机。

如果使用的是苹果手机，可从 APP Store 下载安装 Play Memories Mobile 的 iOS 版本；如果所使用手机的操作系统是安卓系统，则可以从豌豆夹、91 手机助手等 APP 下载网站下载 Play Memories Mobile 的安卓版本。

▲ Play Memories Mobile 程序图标

从相机中发送照片到手机的操作步骤

在 SONY α7RⅢ微单相机的"发送到智能手机"菜单中，可以选择"在本机上选择"和"在智能手机上选择"两个选项，下面详细讲解将照相机存储卡中的照片发送至手机的操作步骤。

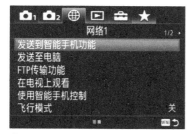

❶ 按下 MENU 按钮，在**网络菜单** 1 中选择**发送到智能手机**选项，然后按下控制拨轮中央按钮

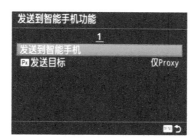

❷ 按下▼或▲方向键选择**发送到智能手机**选项，然后按下控制拨轮中央按钮

❸ 按下▼或▲方向键选择**在本机上选择**选项，然后按下控制拨轮中央按钮

❹ 按下▼或▲方向键选择所需选项，然后按下控制拨轮中央按钮（此处以选择**多个影像**选项为例）

❺ 按下◀或▶方向键选择要发送的照片，然后按下控制拨轮中央按钮添加勾选标记，可以重复此步骤选择多张照片，选择完成后按下 MENU 按钮确定

❻ 显示"执行吗？"界面，选择**确定**选项并按下控制拨轮中央按钮，然后将显示连接二维码，此时需操作智能手机扫描进行连接

完成上述步骤的设置工作后，在这一步骤中需要启用智能手机的 Wi-Fi 功能，并接入 SONY α 7RⅢ微单相机的 Wi-Fi 网络。

❶ 启用 PlayMemories Mobile 软件，点击红框所示的图标

❷ 点击屏幕上 OK 图标确定

❸ 将手机对准相机屏幕上的二维码以扫描进行连接。如果是首次连接，需要安装一个描述文件，按照屏幕上的提示操作即可

❹ 与相机连接成功后，将进行照片传输

如果在"发送到智能手机"菜单中，选择了"在智能手机上选择"选项，连接 Wi-Fi 网络并启用 PlayMemories Mobile 软件，将在手机上显示相机存储卡中的照片。

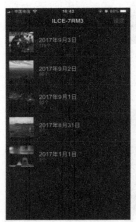

❶ 将在手机上显示相机存储卡中的各个日期列表，点击要传输照片的日期

❷ 点击勾选要传输的照片

❸ 点击**复制**即可复制到手机

❹ 点击**复制**后，将显示进度条，复制完成后，可以查看照片

用智能手机进行遥控拍摄的操作步骤

使用 SONY α7RⅢ微单相机连接到手机拍摄，需要先在"网络菜单 1"中开启"使用智能手机控制"功能，然后在手机上连接上 Wi-Fi 并启用 Play Memories Mobile 软件。在使用软件时，不仅可以在手机上拍摄照片，还可以在拍摄前进行设置，如曝光补偿、感光度、白平衡、拍摄模式、闪光灯和自拍选项。

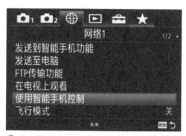

❶ 在**网络菜单** 1 中选择**使用智能手机控制**选项，然后按下控制拨轮中央按钮

❷ 按下▲或▼方向键选择**使用智能手机控制**选项，然后按下控制拨轮中央按钮

❸ 按下▼或▲方向键选择**开**选项

除了可以设置一定的拍摄设置外，还可以设置下面的智能手机设置项目，通过设置这些项目，能更好地辅助拍摄。

■ 预览影像：选择此选项，用于选择拍摄后是否回放显示照片。

■ 保存选项：选择此选项，设置拍摄后，是否将照片保存至手机。

■ 位置信息：选择此选项，可以设置是否在照片中加入位置信息。

■ 网格线：选择此选项，可以在手机屏幕上显示"三等分线网格""方形网格""对角+方形网格"3 种网格线种类，拍摄风光时建议启用。

■ 镜像模式：选择"开"选项，可在手机显示屏左右翻转显示横向画面，此功能在自拍时非常实用。

❹ 按下▼或▲方向键选择**连接**选项，然后按下控制拨轮中央按钮

❺ 切换为 Wi-Fi 待机状态，之后会在屏幕上显示连接二维码，此时用手机扫描该二维码连接即可

❻ 连接 Wi-Fi 后启动软件，出现此拍摄界面，在此界面中可以设置白平衡、光圈、曝光补偿、ISO 感光度、拍摄模式、自拍选项

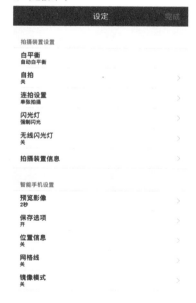

❼ 设定界面中可以设置的项目

⑧ 调整光圈值状态

⑨ 调整白平衡模式状态

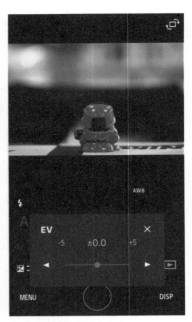

⑩ 调整曝光补偿状态

⑪ 调整 ISO 感光度状态

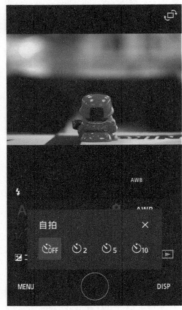

⑫ 调整自拍模式状态

焦距：16mm 光圈：F5.6 快门速度：192s 感光度：ISO200

Chapter 11

为SONY α7R Ⅲ选择合适
的镜头与附件

镜头焦距与视角的关系

每款镜头都有其固有的焦距，焦距不同，相应的拍摄范围也会有很大的变化，变焦镜头也是如此。

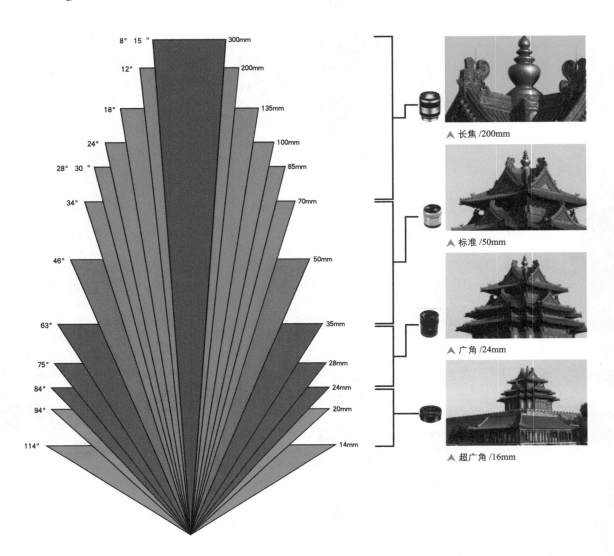

8° 15 " 300mm
12° 200mm
18° 135mm
24° 100mm
28° 30 " 85mm
34° 70mm
46° 50mm
63° 35mm
75° 28mm
84° 24mm
94° 20mm
114° 14mm

▲ 长焦 /200mm

▲ 标准 /50mm

▲ 广角 /24mm

▲ 超广角 /16mm

　　由上图可知，由于镜头的焦距不同，拍摄照片时的视角也大不相同，因此在使用不同焦距的镜头拍摄时，一定要时刻关注画面内景物的变化，尤其是使用广角镜头拍摄时，要检查画面的边缘，以避免出现杂物。

镜头标识名称解读

通常镜头名称中会包含很多数字和字母，索尼 FE 镜头专用于索尼全画幅微单机型，采用了独立的命名体系，各数字和字母都有特定的含义，熟记这些数字和字母代表的含义，就能很快地了解一款镜头的性能。

▲ FE 28-70mm F3.5-5.6 OSS 镜头

FE 28-70mm F3.5-5.6 OSS
①　②　③　④

① FE：代表此镜头适用于索尼全画幅微单相机。

② 28-70mm：代表镜头的焦距范围。

③ F3.5-5.6：代表此镜头在广角端 28mm 焦距段时可用最大光圈为 F3.5，在长焦端 70mm 焦距段时可用最大光圈为 F5.6。

④ OSS（Optical Steady Shot）：代表此镜头采用光学防抖技术。

高手点拨

安装卡口适配器后，可以将 A 卡口的镜头安装在包括 SONY α7RⅢ在内的微单相机上。

▼ 焦距：18mm　光圈：F6.3　快门速度：1/100s　感光度：ISO100

广角镜头

广角镜头的焦距段在 10 ～ 35mm 之间，其特点是视角广、景深大和透视效果好，不过成像容易变形，其中焦距为 10 ～ 24mm 的镜头由于焦距更短，视角更广，常被称为超广角镜头。在拍摄风光、建筑等大场面景物时，可以很好地表现景物雄伟壮观的气势。

▲ 使用广角镜头拍摄的画面透视效果好，具有较强的空间纵深感（焦距：28mm 光圈：F5 快门速度：1/100s 感光度：ISO200）

中焦镜头

中焦镜头是最接近人眼视场的镜头，所以拍出的画面会给人以很真实的感觉，其焦距范围为 35~135mm。使用中焦镜头拍出的画面还原度比较高，一般不会像使用广角镜头拍出的画面一样出现明显的变形，被摄对象也不会被夸张表现。

拍摄人像常使用中焦镜头，用这个焦距段拍摄出的人像比较柔和、亲切，是拍摄甜美画面的常见选择。

➤ 中焦镜头常用于拍摄人像，人物不会变形并且画面自然（焦距：85mm 光圈：F2.8 快门速度：1/640s 感光度：ISO200）

长焦镜头

长焦镜头也叫"远摄镜头"，具有"望远"的功能，能拍摄距离较远、体积较小的景物。通常在拍摄野生动物或容易被惊扰的对象时，会用到长焦镜头。长焦镜头的焦距通常在 135mm 以上，而焦距在 300mm 以上的镜头被称为"超长焦镜头"。

一般常见长焦镜头的焦距有 135mm、180mm、200mm、300mm 等几种。长焦镜头具有视角窄、景深小、空间压缩感较强等特点。

▲ 在拍摄远处的景物或动物时，长焦镜头是必不可少的装备（焦距：200mm　光圈：F10　快门速度：1/1250s　感光度：ISO400）

微距镜头

微距镜头主要用于近距离拍摄物体，它具有 1:1 的放大倍率，即成像与物体实际大小相等。微距镜头被广泛地用于拍摄花卉、昆虫等体积较小的对象，另外也经常被用于翻拍旧照片。

▼ 使用微距镜头拍摄出来的画面生动而自然，能很好地展现主体的细节（焦距：90mm　光圈：F4　快门速度：1/200s　感光度：ISO100）

广角镜头推荐：Vario-Tessar T* FE 16-35mm F4 ZA OSS

这款镜头采用的是外变焦、内对焦设计，可以很方便地安装各种不同类型的滤镜，并且 16~35mm 的焦段是超广角到广角的范围，是一款非常适合拍摄风光的镜头，同时还可以兼顾人文及人像等题材的日常拍摄。由于其较为轻便，携带时很方便，因此非常适合外出旅行时使用。

这款镜头使用了 3 片超低色散镜片，能非常有效地减少光线的色散，提高镜头的反差和分辨率；还使用了 4 片非球面镜片，大大降低了广角的成像畸变，使镜头在 16~35mm 端都可以展现出优异的画质，安装在 SONY α7RⅢ微单相机上，能够充分发挥相机高像素的优点。

镜片结构	10组12片
最大光圈	F4
最小光圈	F22
最近对焦距离（m）	0.28
滤镜尺寸（mm）	72
规格（mm）	约 78×98.5
重量（g）	518

▼ 焦距：18mm 光圈：F14 快门速度：5s 感光度：ISO100

标准变焦镜头推荐：FE 28-70mm F3.5-5.6 OSS

这款镜头利用 3 枚非球面镜片和 1 枚 ED 玻璃镜片以保证获得美观的画面效果，且球面色差和失真被减到很小，使得整个变焦范围内都能呈现出清晰的高对比效果，即使在最大光圈条件下也不受影响。

内置的光学防抖图像稳定器使用户可以轻松地拍出清晰的静态图像，包括在微距手持拍摄时，或在昏暗的室内照明条件下拍摄时。在防抖模式和手持夜景模式下，利用光学防抖图像稳定技术，拍摄者无须提高感光度也能够在夜间、室内或任何低照明的不利条件下轻松拍出美观、清晰的图像。

此外，作为镜头外表面特性的一个关键部分，专业级的防尘、防滴密封层使其具有很高的可靠性，即使在恶劣的环境条件下使用也不用担心。

镜片结构	8组9片
最大光圈	F3.5~F5.6
最小光圈	F22~F36
最近对焦距离（m）	0.3（28mm焦距） 0.45（70mm焦距）
滤镜尺寸（mm）	55
规格（mm）	约 72.5×83
重量（g）	约 295

▼ 焦距：50mm　光圈：F16　快门速度：1/400s　感光度：ISO100

标准定焦镜头推荐：Sonnar T* FE 55mm F1.8 ZA

此款对比度和分辨率俱佳的卡尔蔡司镜头为 SONY α7RⅢ微单相机提供了较佳的定焦挂机镜头选择。55mm 的视角范围近似于人眼的视角，能够给拍摄者带来强烈的临场感，从而拍出令人愉悦的写实风格的照片。

此款镜头拥有 F1.8 大光圈，可以产生美丽的背景散焦效果，无论是在弱光的室内还是明亮的室外，均能随心所欲地拍摄出高水平的照片。内对焦系统可实现高速顺滑的自动对焦，防滴、防尘的设计能确保此款镜头在较恶劣的拍摄环境中也能正常使用。

镜片结构	5组7片	
最大光圈	F1.8	
最小光圈	F22	
最近对焦距离（m）	约0.5	
滤镜尺寸（mm）	49	
规格（mm）	约64.4×70.5	
重量（g）	约281	

▼ 焦距：55mm 光圈：F2.8 快门速度：1/500s 感光度：ISO200

长焦镜头推荐：FE 70-200mm F4 G OSS

此款轻量级的长焦变焦镜头是理想的全画幅镜头，70mm~200mm 的变焦范围使此款镜头能够满足多种场合的拍摄要求。高级非球面镜片、ED 超低色散玻璃镜片、纳米抗反射涂层的使用保障了该镜头具有出色的成像素质。

这款镜头拥有恒定的 F4 最大光圈，9 叶片圆形光圈能够使画面呈现出漂亮、柔和的背景散焦效果。当变焦或对焦的时候，镜头的实际长度不会改变。优秀的内对焦系统和双线性马达提供了高速反应且安静的镜头驱动，并且在镜身上设有对焦保持、范围限制器等按钮，从而使拍摄操作更为方便、快捷。

此外，内置的光学图像稳定系统在弱光下手持拍摄时，可有效补偿相机抖动带来的影响，而防尘、防潮设计可令拍摄者在恶劣的环境中拍摄时也无后顾之忧。

镜片结构	15组21片
最大光圈	F4
最小光圈	F22
最近对焦距离（m）	约1.0~1.5
滤镜尺寸（mm）	72
规格（mm）	约80×175
重量（g）	约840

▼ 焦距：200mm 光圈：F4 快门速度：1/1000s 感光度：ISO320

微距镜头推荐：FE 90mm F2.8 G OSS

这款微距镜头做工十分扎实，重量也十分轻巧，此款镜头的最大光圈为F2.8，镜头的最近对焦距离为28cm，可以实现1：1的拍摄放大倍率。这款镜头虽然是一款微距镜头，但是还兼具完美的虚化效果，以及高清晰度成像功能，因此也非常适合拍摄人像。

在SONY α7RⅢ微单相机上安装此镜头后，拍摄出的画面清晰、锐利，特别适合在近距离拍摄食品、花卉、小景等题材，也可用于拍摄人文、纪实等题材。

镜片结构	11组15片	
最大光圈	F2.8	
最小光圈	F22	
最近对焦距离（m）	约0.28	
滤镜尺寸（mm）	62	
规格（mm）	约79×30.5	
重量（g）	约602	

▼ 焦距：90mm 光圈：F2.8 快门速度：1/500s 感光度：ISO200

卡口适配器

卡口适配器用于连接FE卡口镜头之外的A卡口镜头，可以满足读者扩展镜头使用数量及选择范围的要求。目前可用于SONY α7RⅢ微单相机的卡口适配器有LA-EA1、LA-EA2、LA-EA3、LA-EA4四款。其中，LA-EA1、LA-EA3虽然价格比较便宜，但有一定的缺陷，例如只能支持带有镜头马达的产品，不能在大多数A卡口镜头上实现自动对焦。

相比LA-EA1、LA-EA3来说，LA-EA2、LA-EA4更能满足大部分人的需求，这两款适配器几乎适合所有A卡口镜头，自身带有半反膜和相位对焦模块，内置自动对焦马达，有15个自动对焦点及3个十字形传感器，对焦速度较快。

LA-EA4适用于SONY α7RⅢ，可以转接索尼A卡口镜头在E卡口机身上使用，而且能够进行自动对焦及跟踪对焦。LA-EA2适用于所有索尼E卡口微单相机及可换镜头的数码摄像机，能够转接31支A卡口镜头，而且自身带有半反膜和相位对焦模块，同样内置自动对焦马达，有15个自动对焦点及3个十字形对焦传感器，对焦速度较快。

因此，LA-EA2更实用一些，价格也更贵一些。

▲ LA-EA2卡口适配器

▲ 将LA-EA2卡口适配器安装在SONY α7RⅢ微单相机上，这样α7RⅢ就可以转换为带有反光板的相机了

◄ 安装了卡口适配器后，可选择的镜头种类更多，能够拍摄的题材也更加丰富（焦距：200mm　光圈：F5.6　快门速度：1/200s　感光度：ISO400）

❶ 安装卡口适配器时，将卡口适配器的白点对准机身卡口上的白点，顺时针旋转，即可将卡口适配器与机身连接在一起

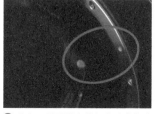

❷ 将卡口适配器上的红点对准镜头上的红点，顺时针旋转，即可将镜头安装在卡口适配器上

高手点拨

值得注意的是，当使用大型镜头时，建议拍摄者将手放在镜头下面托住镜头，以防由于相机的重量轻，致使镜头卡口支撑不住镜头的重量；当使用三脚架或独脚架拍摄时，要注意将三脚架安装在卡口适配器的三脚架安装孔上。

当使用LA-EA2卡口适配器后，快门速度会降低一些，因此，如果想要实现更高的快门速度，需要相应地增加光圈值或提高ISO感光度的数值，这也就意味着要牺牲景深或画质。

此外，使用LA-EA2卡口适配器后，会更消耗电量，因此在拍摄时需随时留意电量的变化。

UV镜

▲ UV 滤镜

U V 镜也叫"紫外线滤镜"，是滤镜的一种，主要是针对胶片相机设计的，用于防止紫外线对曝光的影响，提高成像质量和照片的清晰度。而现在的数码相机已经不存在这种问题了，但由于其价格较便宜，通光性能优良，已成为摄影师用来保护数码相机镜头的工具，以避免镜头受到灰尘、手印及油渍的侵蚀。

选购 UV 镜时需要关注所使用镜头的口径，口径不同的镜头所使用的 UV 镜口径尺寸也不同，因此在购买时一定要注意了解自己所使用镜头的口径。口径越大的 UV 镜，价格也越高。

▽ 使用质量较好的 UV 镜，不会影响照片画质（焦距：80mm　光圈：F6.3　快门速度：1/160s　感光度：ISO100）

偏振镜

偏振镜的作用

偏振镜也叫偏光镜或 PL 镜，主要用于消除或减少物体表面的反光。在风景摄影中，主要用于降低杂乱的环境反射光，获得浓郁的色彩，也可以用于消除或减弱水面的光反，以拍摄到清澈见底的水面。

在使用偏振镜时，需要旋转其前端的偏振调节环，以选择不同的强度，在旋转时能够通过取景器明显看出被拍摄场景色彩的变化情况。

需要注意的是，偏振镜会阻碍光线进入镜头，因此也能当作阻光镜使用，以降低快门速度。

▲ 偏振镜

▼ 拍摄时使用了偏振镜消除水面的反光，从而得到了这张清澈见底的照片（焦距：35mm 光圈：F8 快门速度：1/200s 感光度：ISO100）

高手点拨

偏振镜效果最佳的角度是镜头光轴与太阳成90°时，在拍摄时可以如右图所示，将食指指向太阳，大拇指与食指成90°，而与大拇指成180°的方向则是偏光带，在这个方向拍摄可以使偏振镜效果发挥到极致。

如果相机与光线的夹角为0°左右，偏振镜就基本不起作用了。换言之，在侧光拍摄时使用偏振镜的效果最佳，而采用顺光和逆光拍摄时则几乎没有效果。

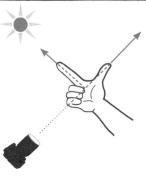

用偏振镜提高色彩饱和度

如果拍摄环境的光线比较杂乱，会对景物的颜色还原产生很大的影响。环境光和天空光在物体上形成反光，会使景物颜色看起来并不鲜艳。使用偏振镜进行拍摄，可以消除杂光中的偏振光，减少杂光对物体颜色还原的影响，从而提高物体的色彩饱和度，使其颜色显得更加鲜艳。

▼ 使用偏振镜消除了画面的杂光，拍摄出来的画面色彩更鲜艳（焦距：45mm 光圈：F7.1 快门速度：1/200s 感光度：ISO100）

遥控器

使用快门遥控器后，摄影师可以远距离对相机进行遥控对焦及拍摄，常用于自拍或拍摄集体照。

▲ 型号为 RMT-DSLR2 的遥控器

使用遥控器拍摄的流程如下：

❶ 将电源开关置于 <ON>。

❷ 半按快门对拍摄对象进行预先对焦。

❸ 建议将对焦模式设置为 MF 手动对焦，以免按下快门时重新进行对焦会导致可能出现的对焦不准问题。当然，如果主体非常好辨认，也可以使用 AF 自动对焦模式。

❹ 在"设置菜单 3"中选择"遥控"选项，并将其设置为"开"。

❺ 将遥控器朝向相机的遥控感应器并按下 SHUTTER 按钮或者 2SEC（两秒后释放快门）按钮，自拍指示灯点亮并拍摄照片。

▲ 接收遥控器信号的遥控传感器位置

▲ 将相机放在一个稳定的地方，利用遥控器拍摄小姐妹的合影照片（焦距：24mm　光圈：F4　快门速度：1/30s　感光度：ISO100）

❶ 在**设置菜单 3** 中选择**遥控**选项，然后按下控制拨轮上的中央按钮

❷ 按下▼或▲方向键选择**开**或**关**选项，然后按下控制拨轮中央按钮确定

高手点拨

使用遥控器拍摄时应注意以下要点：

首先，要确保相机前面的红外线传感器没有被遮挡。

其次，要将"遥控"选项设置为"开"。

最后，要确保遥控器有电并将遥控器指向相机，按下遥控器上的按钮才可以进行拍摄。

利用这一功能，还可以拍摄需要长时间曝光的题材，如瀑布、溪流、车流。在拍摄时，同样需要将相机放在一个稳固的地方，然后将曝光时间设置为1s或10s（具体时间视拍摄时的光线及所需要的效果而定），然后按前面讲述的操作要点及步骤进行拍摄。

脚架

脚架是最常用的摄影附件之一，用于保持相机的稳定，虽然 SONY α7RⅢ相机比较轻便，但如果拍摄的是需要长时间曝光的题材，仍然要使用脚架来确保相机在曝光过程中处于绝对稳定的状态。

下面简要讲解脚架的类型、结构及特点。

对比项目		说　明
铝合金	碳素纤维	目前市场上的脚架主要有铝合金和碳素纤维两种。铝合金脚架的价格相对比较便宜，但重量较重，不便于携带；碳素纤维脚架的档次要比铝合金脚架高，便携性、抗震性、稳定性都很好，在经济条件允许的情况下，是非常理想的选择，其缺点是价格昂贵，往往是相同档次铝合金脚架的好几倍
三脚	独脚	三脚架用于稳定相机，甚至在配合快门线、遥控器的情况下，可实现完全脱机工作 独脚架的稳定性能要弱于三脚架，主要是起支撑作用，在使用时需要摄影师来控制独脚架的稳定性，由于其体积和重量都只有三脚架的1/3，无论是旅行还是日常拍摄都十分方便。独脚架一般可以在安全快门的基础上放慢3挡左右的快门速度，比如安全快门为1/150s时，使用独脚架可以使用1/20s左右的快门速度进行拍摄
三节	四节	大多数脚架可拉长为三节或四节，通常情况下，四节脚架要比三节脚架高一些，但由于第四节往往是最细的，因此在稳定性上略差一些。如果选择第四节也足够稳定的脚架，在重量及价格上无疑要高出很多 如果拍摄时脚架的高度不够，可以提升三脚架的中轴来增加高度，但不要升得太高，否则会使三脚架的稳定性受到较大影响。为了提高稳定性，可以在中轴的下方挂上一个重物
三维云台	球形云台	云台是连接脚架和相机的配件，用于调节拍摄的方向和角度，在购买脚架时，通常会有一个配套的云台供使用，当它不能满足我们的需要时，可以更换更好的云台——当然，前提是脚架仍能满足我们的需要 需要注意的是，很多价格低廉的脚架，架身和云台是一体的，因此无法单独更换云台。如果确定以后需要使用更高级的云台，那么在购买脚架时就一定要问清楚，其云台是否可以更换 云台包括三维云台和球形云台两类。三维云台的承重能力强，有利于精准构图，缺点是占用的空间较大，在携带时稍显不便，球形云台体积较小，只要旋转按钮，就可以让相机迅速转到所需要的角度，操作起来十分便利

▲ 利用三脚架拍摄得到的全景照片

闪光灯

摄影师无法控制太阳光、室内灯光、街灯等环境光，因此在这样的光线环境中拍摄时，摄影师只能够利用构图手法、曝光补偿技法来改变画面的光影效果，但这种改变的效果是有限的。

虽然，许多摄影师在自然光条件下也能够拍摄出具有迷人光影效果的佳片，但很多时候，仍然需要使用闪光灯进行人工补光。

使用闪光灯不仅可以在弱光或逆光条件下将被摄体照亮，还可以通过改变闪光灯的照射位置及角度来控制光线，以便有创意地在画面中表现出漂亮的光影效果，从而拍摄出只使用环境光无法表现的画面效果。

SONY α7RⅢ微单相机未提供内置闪光灯，对有闪光需求的读者而言，需要配备一支或多支外置闪光灯。索尼的外置闪光灯有型号为HVL-F60M、HVL-F45RM、HVL-F43M 及 HVL-F32M 四款可供选择。

▲ 外置闪光灯

选择合适的闪光模式

使用的闪光模式不同，拍摄出来的照片效果也不尽相同。因此了解各闪光模式的特点，有助于摄影师在拍摄不同的题材时选择正确的闪光模式。

下表列出了不同闪光模式图标的名称及说明。

闪光模式	说明
🚫 禁止闪光	当受到环境限制不能使用闪光灯，或不希望使用闪光灯时，可选择禁止闪光模式
⚡AUTO 自动闪光	在拍摄时，如果拍摄现场的光线较暗，相机内定的光圈与快门速度组合不能满足现场光的拍摄要求时，闪光灯便会自动闪光。此外，在背光的情况下也会自动闪光
⚡ 强制闪光	如果拍摄现场的光线较暗，可以选择此模式来提供闪光拍摄，在此模式下，每按下快门按钮都将进行闪光
⚡SLOW 低速闪光	闪光灯与低速快门相结合，以便在弱光下拍摄出背景与主体同样明亮的照片。
⚡REAR 后帘同步	在此模式下，闪光灯会在快门即将关闭时闪光，在拍摄运动对象时，会在其后面产生一道光束轨迹。

① 在**拍摄设置 1 菜单**的第 11 页中选择**闪光模式**选项

② 按下▼或▲方向键选择所需闪光模式，然后按下控制拨轮中央按钮确认

利用离机闪光灵活控制光位

当闪光灯在相机的热靴上无法自由移动的时候，摄影师就只有顺光一种光位可以选择，为了追求更多的光位效果，就需要把闪光灯从相机上取下来，即进行离机闪光。闪光灯离机闪光通常有两种方式——有线离机闪光和无线离机闪光。

这里主要讲SONY α7RⅢ微单相机的无线离机闪光，无线离机闪光是拍摄人像、静物等题材时常用的一种闪光方式，也就是根据需要将一个或多个闪光灯摆放在合适的位置，然后控制闪光灯的闪光。

SONY α7RⅢ微单相机有 2 种无线闪光拍摄的方法，一种是将安装在相机上的闪光灯将作为控制器，遥控离机闪光灯进行无线闪光拍摄，另一种是的相机的热靴上安装无线引闪发射器，然后离机闪光灯上安装无线引闪接收器，从而控制离机闪光灯进行无线闪光拍摄。

▲ FA-WRC1M 无线引闪控制器

▲ FA-WRR1 无线引闪接收器

▲ 无线引闪控制器与无线引闪接收器安装示例

① 在**拍摄设置 1 菜单**的第 11 页中选择**减轻红眼闪光**选项

② 按下▼或▲方向键选择**开**或**关**选项，然后按下控制拨轮中央按钮确认

▲ 通过无线闪光拍摄，得到了更加个性化布光的人像照片（焦距：35mm　光圈：F5.6　快门速度：1/200s　感光度：ISO100）

减轻红眼闪光

使用闪光灯拍摄人像时，很容易产生"红眼"现象（即被摄人物的眼珠发红）。这是由于在暗光条件下，人的瞳孔处于较大的状态，在突然的强光照射下，视网膜后的血管被拍摄下来而产生"红眼"现象。

当开启"减轻红眼闪光"功能后，在拍摄时，闪光灯会预闪一下，使被摄者的瞳孔自动缩小，然后再正式闪光拍照，这样即可避免或减轻"红眼"现象。

❶ 在**拍摄设置 1 菜单**的第 11 页中选择**减轻红眼闪光**选项

❷ 按下▼或▲方向键选择**开**或**关**选项，然后按下控制拨轮中央按钮确认

控制闪光补偿

闪光补偿的作用是增加或降低闪光灯的闪光输出量，以确保拍摄到更明亮或稍暗淡一些的被摄对象。闪光补偿可在 −3 ~ +3EV 范围内以 1/3 EV 为增量调整闪光量，从而改变主要被摄对象相对于背景的亮度。增加闪光量可使主要被摄对象显得更加明亮；减少闪光量可以降低主体的亮度，并在一定程度上防止画面出现过亮的区域或反射光。

将闪光补偿设为 ±0.0 可恢复通常闪光量。

❶ 在**拍摄设置 1 菜单**的第 11 页中选择**闪光补偿**选项

❷ 按下◀或▶方向键选择闪光补偿量，然后按下控制拨轮中央按钮确认

▶ 通过增加闪光补偿值，得到了人物明亮的夜景照片（焦距：35mm　光圈：F5.6　快门速度：1/200s　感光度：ISO200）

Chapter 12

SONY α7RⅢ高手实战

准确用光攻略

焦距：55mm 光圈：F6.3 快门速度：1/400s 感光度：ISO100

不同方向光线的特点

顺光

顺光也称为"正面光"，指光线的投射方向和拍摄方向相同的光线。在这样的光线照射下，被摄体受光均匀，景物没有大面积的阴影，色彩饱和度高，能表现出丰富的色彩效果。

但由于没有明显的明暗反差，所以对于层次和立体感的表现较差。但使用顺光拍摄女性、儿童时，可以将其娇嫩的皮肤表现得很好。

➤ 在顺光条件下拍摄儿童，可将其细腻、白皙的皮肤表现得很好（焦距：200mm 光圈：F4.5 快门速度：1/200s 感光度：ISO200）

侧光

侧光是摄影中最常用的一种光线，侧光光线的投射方向与拍摄方向所成的夹角大于 0°而小于 90°。采用侧光拍摄时，被摄体的明暗反差、立体感、色彩还原、影调层次都有较好的表现。其中又以 45°的侧光最符合人们的视觉习惯，因此是一种最常用的光位。侧光很适合表现山脉、建筑、人物的立体感。

利用傍晚的光线拍摄老建筑，侧面照射过来的光线为建筑蒙上了一层神秘感，与背光面形成明暗对比，增强了建筑的立体感（焦距：35mm 光圈：F13 快门速度：1/250s 感光度：ISO400）

前侧光

前侧光是指光线的投射方向与镜头的光轴方向成水平 45°角左右的光线。在前侧光的照射下，被摄对象的整体影调较为明亮，但相对顺光光线照射而言，其亮度较低，被摄对象部分受光，且有少量的投影，对于其立体感的呈现较为有利，也有利于使被摄对象形成较好的明暗关系，并能较好地表现出其表面结构和纹理的质感。使用前侧光拍摄人像或风光时，可使画面看起来很有立体感。

▶ 在前侧光条件下拍摄的美女，其脸部立体感会很强（焦距：55mm 光圈：F4 快门速度：1/800s 感光度：ISO200）

逆光

逆光也称为背光，即光线照射方向与拍摄方向正好相反，因为能勾勒出被摄体的亮度轮廓，所以又被称为轮廓光。逆光常用来表现人像（拍摄时通常需要补光）、山脉、建筑的剪影效果，采用这种光线拍摄有毛发的人和动物或有半透明羽翼的昆虫时，能够形成好看的轮廓光，从而将被摄主体很好地衬托出来。

采用逆光拍摄时，对天空测光可将地面上风车和人物呈现为剪影效果，从而使画面显得更加简洁、明朗（焦距：38mm 光圈：F8 快门速度：1/320s 感光度：ISO100）

侧逆光

侧逆光是指光线的投射方向与镜头的光轴方向成水平 135° 角左右的光线。由于采用侧逆光拍摄时无须直视光源，因此摄影师可以集中精力考虑如何避免产生眩光，曝光控制也更容易一些，同时在侧逆光照射下形成的投影形态，也是画面构图的重要视觉元素之一。

投影的长短不仅可以表现时间概念，还可以强化空间立体感并均衡画面。在侧逆光的照射之下，景象往往会形成偏暗的影调效果，多用于强调被摄体外部轮廓的形态，同时也是表现物体立体感的理想光线。侧逆光常用来表现人物（拍摄时通常需要补光）、山脉、建筑等对象的轮廓。

▶ 在暖暖的侧逆光笼罩下，画面呈现出温馨的暖色调，模特的身体轮廓在光线的照耀下呈现出金边，增添了唯美感（焦距：135mm 光圈：F4 快门速度：1/320s 感光度：ISO200）

顶光

顶光是指照射光线来自于被摄体的上方，与拍摄方向成 90° 角，是戏剧用光的一种，在摄影中单独使用的情况不多。尤其是在拍摄人像时，会在被摄对象的眉弓、鼻底及下颌等处形成明显的阴影，不利于表现被摄人物的美感。

但如果拍摄时光源并非在其正上方，而是偏离中轴一定的距离，则可以形成照亮头发的顶光，通过补光也可以拍摄出不错的人像作品。顶光还可用来表现树冠和圆形建筑的立体感。

▶ 顶光的光线方向感很强，使海边的遮阳伞在地面上形成了浓重的阴影。整个画面饱和度很高，影调明朗，具有很强的欣赏性（焦距：50mm 光圈：F9 快门速度：1/640s 感光度：ISO100）

光线的类型

自然光

自然光是指日光、月光、天体光等天然光源发出的光线。自然光具有多变性，其造型效果会随着时间的改变而发生变化，主要表现在自然光的强度和方向等方面。

由于自然光是人们最熟悉的光线环境，所以在自然光下拍摄的人像照片会让观者感到非常自然、真实。但是，自然光不受人的控制，摄影师只能根据现场条件去适应。

虽然自然光不能从光的源头进行控制，但通过寻找物体遮挡或者寻找阴影处使用反射后的自然光，都是改变现有自然光条件的有效方法。风景、人像等多种题材均可以采用自然光拍摄以表现真实感。

▶ 傍晚，在暖暖的光晕下，少女伫立望向手中的花，给人一种静若处子的恬静之美，这种利用自然光为画面染色的手法，在人像写真拍摄时较为常用（焦距：55mm　光圈：F2.8　快门速度：1/500s　感光度：ISO100）

人工光

人工光是指按照拍摄者的创作意图及艺术构思由照明器械所产生的光线，是一种使用单一或多光源分工照明完成统一光线造型任务的用光手段。

人工光的特征是，可以根据创作需要随时改变光线的投射方向、角度和强度等。使用人工光可以鲜明地塑造拍摄对象的形象，表现其立体形态及表面的纹理质感，展示拍摄对象微妙的内心世界和本质，真切地反映拍摄者的思想情感和创作意图，体现环境特征、时间、现场气氛等，再现生活中某种特定光线的照明效果，从而形成光线的语言。

人工光在摄影中的应用十分广泛，如婚纱摄影、广告摄影、人像摄影、静物摄影等。

▲ 夜晚在室外拍摄人像，摄影师利用人工光对模特进行补光，营造出一种野性的美感（焦距：35mm　光圈：F4.5　快门速度：1/160s　感光度：ISO200）

现场光

现场光是指在拍摄场景中存在的光线，不包括户外日光和拍摄者配置的人工光。复杂是现场光的重要特征，尤其是城市中的各类光源，会使拍摄场景的光线效果看上去复杂、缭乱。但利用现场光拍摄的照片看上去极其自然，具有真实感。要注意的是，现场光通常在局部位置非常亮，而在其他位置又相对很暗，因此在拍摄时，建议使用全手动照相模式，以一定的曝光组合进行拍摄，兼顾场景中较亮区域与较暗区域的细节，以免强烈的局部光源对整体的测光结果产生严重的影响，导致拍摄出的照片出现曝光过度等问题。舞蹈、演唱会等类型的题材均可以采用现场光拍摄以还原现场气氛。

▲ 利用现场光拍摄舞台表演，将现场的摇滚气氛表现得淋漓尽致，给人一种身临其境的感觉（焦距：200mm　光圈：F5.6　快门速度：1/250s　感光度：ISO400）

混合光

混合光是指人造光与自然光或现场光的混合运用，其中人造光主要用于为拍摄对象补光，而自然光或现场光则是为了保留画面的现场感，不会给人以主体被剥离在画面以外的感觉。例如，在室内现场光源（如荧光灯）下，光线可能不够充足，此时最常用的方法就是使用闪光灯进行补光，即通过现场光与人造光的混合应用来照亮主体。

需要注意的是，使用闪光灯时，通过降低它的输出功率来减弱闪光灯的强度，也能达到使室内、室外的色温基本一致的目的，不过拍摄结果会让室内环境微微偏色。人像、静物、微距等摄影题材常采用混合光拍摄。

▲ 在光线较暗的马路边拍摄人像时，使用闪光灯对人物进行补光，得到了模特皮肤白皙、四周环境偏暗的画面效果，从而突出了拍摄环境和人物的主体地位（焦距：85mm　光圈：F2.8　快门速度：1/100s　感光度：ISO200）

光线的性质

根据光线性质的不同，可将其分为硬光和软光。由于不同光质的光线所表现出的被摄体的质感不同，因此可以获得不同的画面效果。

直射光、硬光

硬光通常是指由直射光形成的光线，这种光线直接照射到被摄物体上，有明显的方向性，使被摄景物产生强烈的明暗反差和浓重的阴影，具有明显的造型效果和光影效果，故而俗称"硬光"。拍摄岩石、山脉、建筑等题材时常选择硬光。

▲ 以蓝天为背景拍摄山脉，由于直射光使画面形成了强烈的明暗对比，因此将石头坚硬的质感表现得很突出（焦距：35mm　光圈：F8　快门速度：1/250s　感光度：ISO200）

散射光、软光

软光是由散射光形成的光线，其特点是光质比较软，产生的阴影也比较柔和，画面成像细腻，明暗反差较小，非常适合表现物体的形状和色彩。

散射光比较常见，如经过云层或浓雾反射后的太阳光、阴天的光线、树荫下的光线、经过柔光板反射的闪光灯照射的光线等。散射光适合表现各种题材，拍摄人像、花卉、水流等题材时常选择散射光。

▲ 在散射光下拍摄花卉，红色的花朵在绿色背景的衬托下显得更加娇嫩、淡雅，画面的明暗反差较小，画质清晰，主体突出，给人一种简洁美（焦距：90mm　光圈：F4　快门速度：1/320s　感光度：ISO100）

Chapter **13**

SONY α7RⅢ高手实战

完美构图攻略

简约至上

摄影和绘画不同，就构图和取景而言，绘画表现景物往往用加法，用颜色一笔一笔地在白纸上画上美的景物；而摄影则是用减法，需要想方设法地避开杂乱无章的景物，然后再将主体摄入画面。因此，要想拍摄出简约的画面效果，就要掌握和运用好减法。

只有简约的画面，才能够使欣赏者的视线集中在画面主体上，心无旁骛地充分理解摄影师要表达的主题。

如果能够做到以下两点，就能够拍摄出这样的好照片：

■精选主体和陪体，避开周围一切与主体无关的景物。

■选择和处理好背景，通过选择拍摄视角或摄影手法使背景尽可能地简洁、单纯。

▲ 红色的小鱼水枪、蓝色的水面、恬静的笑容，这一简洁的画面表现出了一个孩子童年的快乐时光（焦距：70mm 光圈：F4 快门速度：1/200s 感光度：ISO100）

均衡画面

世界上的绝大多数物体在心理上给人的感觉是平衡、对称的，例如人的身体、蝴蝶的翅膀、八仙桌、国家大剧院建筑等。

在观赏摄影作品时，欣赏者也会从潜意识中希望画面是平衡的，从而获得舒适的心理感受。

但由于摄影作品是二维静止的有限画面，因此要使画面呈现出平衡、对称的效果是比较困难的，必须通过一定的拍摄手法才能使画面看上去是均衡的。

这种均衡实际上依托于画面景物的视觉质量，例如，深色的景物感觉重，位于画面下方的物体感觉重，近处的景物感觉重，有生命的物体感觉重，等等。

通过构图手法，合理安排不同视觉质量景物的位置，就能够使画面看起来是均衡的，从而使欣赏者获得平衡、稳定的视觉感受。

▲ 湛蓝天空中的一朵白云与地面上矗立的树木形成呼应，从而使画面形成一种均衡的视觉效果（焦距：42mm 光圈：F6.3 快门速度：1/500s 感光度：ISO200）

利用画面视觉流程引导视线

什么是视觉流程

在摄影作品中，摄影师可以通过构图技术，引导观者的视线在欣赏作品时跟随画面中的景象由近及远、由大到小、有主及次地欣赏，这种顺序基于摄影师对画面的理解，并以此为基础将画面中的景物安排为主次、远近、大小、虚实等的变化，从而引导欣赏者第一眼看哪儿，第二眼看哪儿，哪里多看一会儿，哪里少看一会儿，这实际上也就是摄影师对摄影作品视觉流程的规划。

一个完整的视觉流程规划，应从选取最佳视域、捕捉欣赏者的视线开始，然后是视觉流向的诱导、行程顺序的规划和安排，最后到欣赏者视线停留的位置为止。

▼ 画面中的骆驼由近及远形成一条曲折的线条，从而起到引导观者视线的作用（焦距：150mm 光圈：F11 快门速度：1/200s 感光度：ISO100）

利用光线规划视觉流程

高光

创作摄影作品时，可以充分利用画面的高光，将观者的视线牢牢地吸引住。金属器件、玻璃器皿、水面等都能够在合适的光线下产生高光。

如果扩展这种技法，可以考虑采用区域光（也称局部光）来达到相同的目的。例如，在拍摄舞台照片时，可以捕捉追光灯打在主角身上，而周围比较暗的那一刻。在欣赏优秀风光摄影作品时，也常见几缕透过浓厚云层的光线照射在大地上，从而获得具有局部高光的佳片，这些都足以证明这种拍摄技法的有效性。

▲ 画面中最明亮的区域吸引着观者的视线，使得太阳成为视觉的中心点，因而起到规划视觉流程的作用（焦距：160mm 光圈：F16 快门速度：1/1000s 感光度：ISO100）

光束

由于空气中有很多微尘，所以光在这样的空气中穿过时会形成光束。例如，透过玻璃从窗口射入室内的光线、透过云层四射的光线、透过树叶洒落在林间的光线、透过半透明顶棚射入厂房内的光线、透过水面射入水中的光线等都有明确的指向，利用这样的光线形成的光束能够很好地引导观者的视线。

如果在此基础上进行扩展，使用慢速快门拍摄的车灯形成的光轨、燃烧的篝火中飞溅的火星形成的轨迹、星星形成的星轨等都可以归入此类，在摄影创作时都可以加以利用。

▲ 选择太阳位于主体树木正后方时拍摄，结合小光圈的相机设置并针对光线较亮的区域曝光，使前景处的树木呈剪影状，同时还使穿射而来的光束更为耀眼夺目（焦距：24mm 光圈：F7.1 快门速度：1/30s 感光度：ISO100）

利用线条规划视觉流程

线 条是规划视觉流程时运用最多的技术手段，按照虚实可以把线条分为实线与虚线。此外，根据线条是否闭合，可将其分为开放线条与封闭线条。

视线

当照片中出现人或动物时，观者的视线会不由自主地顺着人或动物的眼睛或脸的朝向观看，实际上这就是利用视线来引导欣赏者的视觉流程。

在拍摄这类作品时，最好在主体的视线前方留白，不但可以使主体得到凸显，还可以为观者留下想象空间，使作品更耐人寻味。

▲ 观者的视线会随着画面中老人的眼神望向杆上挂着的物品，老人的视线起到了视觉引导的作用（焦距：200mm 光圈：F4 快门速度：1/400s 感光度：ISO200）

景物线条

任何景物都有线条存在，无论是弯曲的道路、溪流，还是笔直的建筑、树枝、电线，都会在画面中形成有指向的线条。这种线条不仅可以给画面带来形式美感，还可以引导观者的视线。这种在画面中利用实体线条来引导观者视线的方式是最常用的一种视觉引导技法。

▲ 利用建筑自身的线条将观者的视线引向前方，这样的线条在起引导作用的同时，也增强了建筑的形式美（焦距：24mm 光圈：F14 快门速度：1/160s 感光度：ISO320）

利用网格线显示功能辅助构图

SONY α7RⅢ微单相机的"网格线"功能可以辅助摄影师进行构图。开启此功能后，在拍摄时液晶显示屏会显示不同类型的网格线，摄影师可以依据网格线安排水平面、地平面或主体的位置。

在此菜单中可以选择"三等分线网格""方形网格""对角＋方形网格"及"关"4个选项。

❶ 在**拍摄设置2菜单**的第6页中选择**网格线**选项

❷ 按下▼或▲方向键选择一个网格线选项，然后按下控制拨轮中央按钮确定

■三等分线网格：选择此选项，画面会被三等分，呈现井字形。在使用时，只需将被摄主体安排在其中一条网格线附近，即可形成标准的三分法构图。

■方形网格，选择此选项，画面中会显示较多的网格线，在拍摄时更容易确认构图的水平程度。例如在拍摄风光、建筑时，较多的网格线可以辅助摄影者快速、灵活地进行构图。

■对角＋方形网格，选择此选项，画面中会显示网格线加对角线的效果。这种网格线类型，可以使画面更生动活泼，尤其是采用斜线、对角线构图时，开启此功能可以使构图更精确。

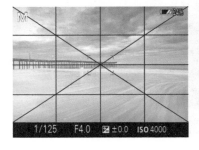 

必须掌握的10种构图法则

水平线构图

水平线构图是典型的安定式构图，常用于表现表面平展、广阔的景物，如海面、湖面、草原、田野等题材。采用这种构图方式的画面能够给人以娴稚、幽静、安闲、平静的感觉。

▲ 水平线处于画面的偏上位置，着重表现花海的广阔和深远（焦距：24mm 光圈：F16 快门速度：1/80s 感光度：ISO100）

垂直线构图

垂直线构图也称为竖向构图，画面主要由呈垂直状的竖向线条构成，给人以坚定、挺拔、向上的视觉感受，常被用于表现高大的楼体、细长的树木或向上伸直的柱子等。另外，当多条竖向线条平行存在于画面中时，在视觉上较易产生上下延伸感与形式感。

▲ 垂直线构图增强了画面中树木的上下纵深感，使其更显高大（焦距：50mm 光圈：F6.3 快门速度：1/200s 感光度：ISO200）

三分法构图

三分法构图实际上是黄金分割构图形式的简化版，是指以横竖三等分的比例分割画面后，当被摄对象以线条的形式出现时，将其置于画面的任意一条三分线位置。这种构图形式能够在视觉上带给人愉悦和生动的感受，避免人物居中而产生的呆板感。SONY α7RⅢ相机可提供用于进行三分法构图的网格线显示功能，我们可以将它与黄金分割曲线完美地结合在一起使用。

◀ 将人物安排在画面左侧的1/3处，画面简洁，主体突出且不失平衡（焦距：85mm 光圈：F5 快门速度：1/250s 感光度：ISO160）

曲线构图

曲线构图是指画面主体呈曲线形状，从而使画面获得视觉美感和稳定感的一种构图形式。在风景照片中，曲线构图可以使画面充满动感和趣味性；在人像摄影中，曲线构图多用来表现女性柔美的身材线条。

◀ 曲线很适合表现溪流婉转、悠长的流动感，使画面更具形式美和意境美（焦距：24mm 光圈：F16 快门速度：1s 感光度：ISO100）

斜线构图

斜线构图能使画面产生动感，并沿着斜线两端产生视觉延伸，从而增强画面的纵深感。另外，斜线构图打破了与画面边框相平行的均衡形式，与其产生势差，从而使斜线部分在画面中被突出和强调。

在拍摄时，摄影师可以根据实际情况，刻意将在视觉上需要被延伸或者被强调的拍摄对象处理成为画面中的斜线元素加以呈现。

▲ 利用故宫城墙形成斜线构图，延伸了观者的视觉，增强了画面的纵深感（焦距：24mm 光圈：F10 快门速度：1/500s 感光度：ISO400）

三角形构图

三角形形态能够带给人向上的突破感与稳定感，将其应用到构图中，会使画面呈现出稳定、安全、简洁、大气的效果。在实际拍摄中会遇到多种三角形构图形式，例如正三角形构图、倒三角形构图等。

正三角形构图相对于倒三角形构图来讲更加稳定，能够带给人一种向上的力度感，在着重表现高大的三角形对象时，更能体现出其磅礴的气势，是拍摄山峰常用的构图形式。

◀ 三角形构图使金字塔看上去更加壮美，更能突出其稳重及磅礴的气势（焦距：24mm 光圈：F13 快门速度：1/500s 感光度：ISO100）

倒三角形在构图中的应用相对较为新颖，与正三角形构图相比，其稳定感不足，但更能体现出一种不稳定的张力，以为一种视觉和心理上的压迫感。

◀ 摄影师使用倒三角形构图拍摄落叶，增强了画面的形式美，给人一种新鲜感（焦距：65mm 光圈：F5.6 快门速度：1/80s 感光度：ISO100）

框式构图

框式构图是指借助于被摄物自身或周围的环境，在画面中制造出框形的构图方法，这种方法可以集中观者的视线，突出画面中的主体。在拍摄山脉、建筑、人像时常用这种构图形式。

▲ 摄影师巧妙地利用大门形成框架，将观者的视线引向框中的建筑和人物，画面给人一种凝重之美（焦距：24mm 光圈：F5.6 快门速度：1/1600s 感光度：ISO200）

散点式构图

散点式构图是指将呈点状的被摄体集中在画面中的构图方式，其特点是形散而神不散。散点式构图常用于以俯视角度拍摄遍地的花卉，还可以用于拍摄草原上呈散点分布的蒙古包、牛、羊等。

▶ 采用俯视的角度拍摄草场上的牛群，散点式构图让画面看起来疏密有致，真实地表现了其自然的生存状态（焦距：30mm 光圈：F16 快门速度：1/320s 感光度：ISO200）

对称式构图

对称式构图是指画面中的两部分景物，以某一根线为轴，在大小、形状、距离和排列等方面相互平衡、对等的一种构图形式。现实生活中的许多物体或景物都具有对称的结构，如人体、宫殿、寺庙、鸟类、蝴蝶的翅膀等。

▲ 利用平静的水面形成对称式构图拍摄的风光照片，给人以安稳、宁静之感（焦距：24mm 光圈：F10 快门速度：1/20s 感光度：ISO100）

透视牵引构图

透视牵引构图是指利用画面中景物的线条形成透视效果的构图方法，画面中的线条不仅对视线具有引导作用，还可以增强画面的空间感。在拍摄道路、河流、桥梁时，常采用这种构图形式。

▲ 利用建筑内部的线条形成水平纵深透视，很好地塑造出了画面的立体感和空间感（焦距：16mm 光圈：F8 快门速度：1/50s 感光度：ISO400）

二次构图攻略

什么是二次构图

在 数码摄影时代,由于不用考虑摄影底片的成本问题,这就导致许多摄影爱好者随见随拍,这样拍出来的照片有很大一部分不存在审美价值,但也不能全盘否定,有一些照片经过裁切和处理后就能成为一张佳片。因此,在数码摄影时代,如果不掌握通过裁切再构图的手法,就会丧失大量的出片机会。

二次构图是指通过后期裁剪处理对画面进行取舍后,使其构图更美观或更符合审美要求的操作。

由于二次构图是在原画面的基础上进行的裁剪操作,因此二次构图操作只会减少原画面中的元素,绝无增加的可能,这实际上也符合摄影被称为减法艺术的特点。

▼ 在原图的基础上进行二次构图,去掉繁杂的背景和多余的陪体,使得裁剪后的画面更简洁、花朵更加突出

利用二次构图改变画幅

当采用横画幅拍摄时，有时会由于暗角的关系而影响整体画面效果，此时可以采用二次构图的手法，将有暗角的部分裁掉，从而得到画质更优秀的照片。

当采用竖画幅拍摄时，如果画面的上方或下方有不需要的景物，可以采用二次构图的方法将这部分裁去，从而将画面改变为横画幅样式。

裁剪后的画面更加简洁，瀑布的动感得到了更好的表现

将竖画幅照片变为横画幅时，由于裁切后照片的宽度不可能大于原照片的宽度，因此需要在垂直方向上对画面的焦点位置进行重点考虑。画面经过裁切后，太阳被安排在黄金分割点上，显得更加突出

利用二次构图使画面更简洁

曾有摄影家这样说："你拍得不够好，是因为你靠得不够近。"其言外之意，是指由于摄影师距离被摄对象太远，因此除非用长焦镜头以特写的景别拍摄，否则就可能出现所拍摄的画面显得杂乱、不够简洁的情况。

实际上，由于摄影师在取景时受到拍摄距离、镜头、场地等条件的限制，画面中出现多余的天空、地面、树枝、栏杆、廊柱等元素的情况很常见，但通过二次构图即可轻松将其去除，得到主体突出、画面简洁的照片。

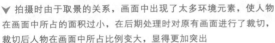

▼ 拍摄时由于取景的关系，画面中出现了太多环境元素，使人物在画面中所占的面积过小，在后期处理时对原有画面进行了裁切，裁切后人物在画面中所占比例变大，显得更加突出

利用二次构图为画面赋予新的构图形式

利用裁切这种二次构图的手法，可以改变照片的构图形式，例如将中心式构图改变为黄金分割构图，或将水平线构图改变为斜线构图等。下面虽然只列举了一个实例，但希望读者能够举一反三，在创作中灵活运用二次构图的理念，将画面改变为不同的构图形式。

在下面的示例中，原图中采用居中式构图拍摄的主体有时会略显呆板，而如果画幅足够大，完全可以通过裁剪将此构图形式转变为黄金分割式构图，将主体移至画面的黄金分割点上，从而使画面看起来更加生动和更具美感。

▼ 原本处于画面中间位置的人物，通过裁切可将其眼睛置于画面的黄金分割点上，使画面更符合视觉美学规律

封闭式构图变为开放式构图

开 放式构图给人意犹未尽、"画外有话"的感觉。通过裁切的方法,可以轻松地将一个封闭式构图照片改变为开放式构图,操作时要注意裁切的局部要有代表性与美感。

▼ 通过裁切使封闭式构图的荷花变成开放式构图,重点展示了荷叶的质感,同时给人以联想空间

Chapter 14

SONY α7RⅢ风光摄影
高手实战攻略

焦距：18mm 光圈：F11 快门速度：1/125s 感光度：ISO100

风光摄影前沿理念

为"魔法时刻"光线早起

为拍摄到精彩的日出，应尽量争取至少在日出之前半小时赶到拍摄地，因为真正的"魔法光线"通常都出现在日出之前。早到的时间可以用于架好相机，并寻找最佳的拍摄视点。

对于拍摄日出而言，前期准备工作很重要，最好事先考察拍摄地点，寻找可能会出现拍摄良机的地方。

早晨可能会出现晨雾，因此能够为照片营造更好的气氛，这时光线常常是发散性的，较为柔和，空气也很洁净，被很多摄友称为"魔法时刻"，此时拍摄出来的照片非常通透，画面颜色也很绚丽。

▼ 下面是一幅在日出前拍摄到的画面，太阳的光晕水平散布在天空，沙滩上还留下海浪退去的泡沫，明晃晃地映着天空的亮光，给人一种蓬莱仙境的美感，这是"魔法时刻"的典型美景（焦距：16mm 光圈：F8 快门速度：1/125s 感光度：ISO250）

只用一种色彩拍摄有情调的风光照片

只有一种色彩的画面是指仅仅利用某一种颜色的不同明暗来表现现实的世界，这类照片常用于表现特别的情调，黑白照片是最经典的单色照片。虽然彩色照片是摄影创作的主流，但没有人怀疑黑白照片的魅力。

在实际拍摄中，也可以利用当时天气的特点营造出这种画面效果。例如，日落时分采用强烈的逆光拍摄时，能够获得不错的单色风光照片，这种光线能降低色彩的饱和度，营造出一种几近单色调的画面效果。

▲ 这是在夜晚拍摄的风光画面，呈现出了深蓝色，给人以清冷、宁静之感（焦距：20mm　光圈：F11　快门速度：80s　感光度：ISO50）

▼ 太阳的光芒将天空和水面都染成了橘黄色，整个画面呈现为热情的暖色调，画面中的几艘小船是画面的重心（焦距：145mm 光圈：F7.1 快门速度：1/125s　感光度：ISO200）

黑白照片更具挑战性

黑白风光照片是典型的质朴胜华丽、含蓄胜张扬的类型，其魅力在于单纯、宁静、内敛，因此在彩色摄影大行其道的今天，仍然有许多摄影爱好者对黑白风光照片情有独钟。

拍摄一张漂亮的黑白风光照片，比拍一张普通的彩色风景照更具挑战性，因为黑白照片需要更多层次的影调细节，否则画面就会缺乏对比。

例如，在拍摄天空时，尽量不要选择纯蓝的天空，因为照片被转换成黑白画面后往往都是乏味的灰影。可以寻找变化多端的天空，特别是带有漂亮云层的天空，这样画面中就会出现丰富的阴影和高光区域，能明显区分前景和背景。因此，乌云翻滚的天空更能给画面增添戏剧性与看点。

另外，要尽量选择质感不同的场景，从而得到层次丰富的画面。例如，虽然沙滩、悬崖是不同的景物，但它们在黑白照片中的影调和质感非常相似，因此看上去就会显得呆板、乏味。

在构图时要多利用线条，因为画面中缺少了色彩，构图就成为作品成败的关键因素。

拍摄黑白照片的通用方法是，先拍出彩色风景照片，然后通过后期处理转换为黑白照片。因此，在拍摄之前摄影师必须预想出来，拍摄的画面被转换为黑白照片后的效果。另外，摄影师的后期处理水平也是决定作品成败的重要因素。

▼ 黑白风光照片是永远的经典，质朴的风格加上细腻的影调将风光的美展露无遗（焦距：35mm　光圈：F2.8　快门速度：1/3200s　感光度：ISO100）

赋予风景画面层次感

在拍摄风光照片时，丰富的层次能够很好地表现画面的纵深感。在表现画面层次时，可利用景物重叠的形状或采用强烈的侧光拍摄时得到的不同光影带，形成有渐变的"光层"效果来营造画面的层次。在拍摄时，借助于长焦镜头很容易得到这样的画面效果，因为长焦镜头具有压缩画面空间的作用，在侧逆光的照射下，层层叠叠的景物之间会形成明暗交界的效果，从而使画面呈现出较强的立体感。

但要注意的是，由于长焦镜头拍出的画面景深很小，因此，当拍摄对象处在前景或靠近画面的中间位置时，应尽量使用较小的光圈（比如 F16），避免背景被虚化而使画面缺少层次感。

▲ 使用广角镜头进行拍摄，纳入前景处大片被太阳照射的雪地，以增加画面的纵深感和层次感（焦距：24mm 光圈：F9 快门速度：1/180s 感光度：ISO200）

找到天然画框突出主体

为汇聚观者的视线，让其更关注重点表现的主体景物，一个比较常用的构图"诀窍"是使用拱门、门道、窗户或悬垂的树枝等来框住远处要表现的主体景物。

为避免"画框"喧宾夺主，应小心控制画面不同部分的清晰程度，高度失焦的树叶能使观者的注意力集中在主要景物上，而略带柔焦的树叶可能会分散观者的注意力。

▲ 利用天然的拱形石洞作为框架，锁住观者视线的同时，让人感受到大自然的原始美感（焦距：35mm 光圈：F5 快门速度：1/640s 感光度：ISO200）

使风光照片有最大景深

　　一幅漂亮的风光摄影作品通常要求画面整体都要很清晰，即从前景到背景的景物都应十分清晰。要做到这一点，在选择镜头时，应首选广角镜头，因为广角镜头比长焦镜头能获得更大的景深，而使用小光圈则比使用大光圈拍摄出来的画面景深更大。

　　除此之外，准确对焦也十分重要。对于一幅风光照片而言，通常焦点后的景深要比焦点前的景深大，因此，若想使景深最大化，一个简单的方法就是把焦点设置在画面的前 1/3 处。

　　更准确的方法是使用超焦距技术，即利用镜头身上的超焦距刻度或厂家提供的超焦距测算表，通过旋转变焦环，将焦点设置在某一个位置，这样画面的清晰范围就会达到最大。例如，对一支 35mm 的定焦镜头而言，当使用 F16 的光圈拍摄时，其超焦距为 2.8m，此时其景深范围是从 1.4m 至无穷远，

意味着只要在拍摄时将合焦位置安排在距离相机 2.8m 的位置，就能够获得使用此光圈拍摄时的最大景深，即 1.4m 至无穷远。

　　定焦镜头在确定超焦距时比较容易，利用镜头上的景深标尺，将镜筒上标示的正确光圈值与无限远符号连线即可。由于变焦镜头上没有景深标尺，所以就需要使用镜头厂家提供的超焦距测算表来对对焦距离进行合理的估计。

　　需要注意的是，通常在使用超焦距对焦时，如果对焦在画面的 1/3 处，会发现取景器中的照片变得不够清楚，这实际上仅仅是观看效果，因为取景器中的照片总是以最大光圈来显示的，因此，在拍摄前应该用景深预览按钮进行查看，以确定对焦位置是否正确，以及场景的清晰度是否达到了预定要求。

▼ 使用小光圈拍摄风景时，将焦点放在画面的前 1/3 处，近处和远处的景物都得到了清晰的呈现，白墙黑瓦的徽派建筑与蓝天绿水共同构建出一幅清新画卷（焦距：24mm　光圈：F10　快门速度：1/400s　感光度：ISO200）

关注光圈衍射效应对画质的影响

由于拍摄时使用的光圈越小，画面的景深就越大，因此，在表现大景深的画面时应使用非常小的光圈，比如 F16 和 F22。但要注意的是，光圈收得过小会影响画面的清晰度，这是因为光圈衍射的缘故。

衍射是指当光线穿过镜头光圈时，镜头孔边缘会分散光波。光圈收得越小，在被记录的光线中衍射光所占的比重就越大，画面的细节损失就越严重，画面就越不清楚。

衍射效应对 APS-C 画幅数码相机和全画幅数码相机的影响程度稍有不同。通常 APS-C 画幅数码相机在光圈收小到 F11 时，就会发现衍射对画质产生了影响；而全画幅数码相机在光圈收小到 F16 时，才能够看到衍射对画质的影响。

▼ 使用 F14 光圈拍摄风光照片，不仅获得了较大的景深，也避免了光圈衍射效应对画质的影响，由于拍摄时光线较强，为了拍摄出漂亮的丝质溪流，在镜头的前面安装了中灰镜以阻挡光线，延长曝光时间 （焦距：17mm　光圈：F14　快门速度：1s　感光度：ISO100）

利用前景使风光照片有纵深感

现实世界是三维的，而照片是二维的，许多风光照片拍摄失败的主要原因是，在照片中无法传达出观众所希望看到的纵深感、立体感。

要解决这个问题，需要在画面中纳入更多的前景，并使用广角镜头进行拍摄，以便对靠近镜头的部分进行夸张性的展现，从而通过强烈的透视效果来突出前景，为眼睛创造一个"进入点"，将观者"拉入"场景中，通过前景与主体的大小对比形成明显的透视效果，使照片的纵深感更强。

为了避免画面中的景色看上去空洞和缺乏趣味，应尽量采用低视点拍摄，以压缩画面中前后景物的距离，使画面中不会出现太多的空白空间。在拍摄时应选择小光圈，以获得最大的景深，使前景和远处的景物都能清晰成像。

▼ 岸边的石头作为前景不仅突出了海面的纵深感，而且通过由近及远的渐变关系将画面的空间纵深感表现得十分突出（焦距：24mm 光圈：F16 快门速度：1/5s 感光度：ISO50）

风光摄影中人与动体的安排

在风光摄影中，人和动体往往能对画面起到陪衬等多方面的作用，因此花上很长时间等待人物、小船、马车、家禽等适合拍摄的动体出现是非常值得的。不过，动体并不一定专指那些实际在运动的物体，雨伞、锄头、钓竿等生活用具和劳动工具，也可在风光摄影中大显身手。

人物和动体既能活跃画面，还能突出表现风光的环境特征，有助于主题的表达。例如，一池碧水中游弋的三两只鸭子能带来"春江水暖鸭先知"的意境，可以更好地烘托春天这个主题。

由于人和动体一般是作为陪体出现的，因此在画面中所占比例不宜过大，以免喧宾夺主。但是，在以动体为主题的风光作品中，人或动体则可表现得稍大一些，或置于显要的位置，其大小以不影响风景的表现为宜。

人和动体在画面中还能起到对比的作用。如拍摄某些景物时，加入几个人作为陪衬，画面便有了比例，可以衬托出景物的高大和开阔。另外，在彩色摄影中，也可利用人或动体与画面主体形成的色彩对比，使画面的色彩富有变化。

但并不是所有风光摄影作品都需要用人或动体来陪衬，拍摄时应视拍摄主题和现场情况而定。

▲ 在拍摄雪景画面时，纳入穿着厚厚衣服的游人，更能让观者感觉到冰天雪地的寒冷（焦距：55mm 光圈：F8 快门速度：1/160s 感光度：ISO100）

▲ 虽然在草地上只有一头牛，但足以使画面产生动感（焦距：45mm 光圈：F6.3 快门速度：1/100s 感光度：ISO200）

山峦摄影实战攻略

选择不同的角度拍摄山峦

拍摄山峦最重要的是要把雄伟壮阔的整体气势表现出来。"远取其势，近取其貌"的说法非常适合拍摄山峦。要突出山峦的气势，就要尝试从不同的角度去拍摄，如诗中所说的"横看成岭侧成峰，远近高低各不同"，所以必须寻找一个最佳的拍摄角度。

采用最多的拍摄角度无疑还是仰视，以表现山峦的高大、耸立。当然，如果身处山峦之巅或较高的位置，则可以采取俯视的角度表现一览众山小之势。

另外，平视也是采用较多的拍摄角度，采用这种视角拍摄的山峦比较容易形成三角形构图，从而表现其连绵起伏的气势和稳重感。

▲ 俯视拍摄大山使画面有一种透视感，可以看到更宽阔的景色，使观者感受到"一览众山小"的气势（焦距：24mm 光圈：F9 快门速度：1/320s 感光度：ISO100）

▼ 以平视的角度隔着水面拍摄山峰，山峰与其在水面上的倒景相映成趣、浑然一体，增强了画面的均衡感与稳定感（焦距：35mm 光圈：F11 快门速度：1/600s 感光度：ISO400）

用云雾衬托出山脉的灵秀之美

山与云雾总是相伴相生的，各大名山的著名景观中多有"云海"，例如黄山、泰山、庐山，都能够拍摄到很漂亮的云海照片。云雾笼罩山体时，其形体就会变得模糊不清，在隐隐约约之间，山体的部分细节被遮挡，在朦胧之中产生了一种不确定感，拍摄这样的山脉，会使画面呈现出一种神秘、缥缈的意境。此外，由于云雾的存在，使被遮挡的山峰与未被遮挡的部分形成了虚实对比，从而使画面更具欣赏性。

■如果只是拍摄飘过山顶或半山的云彩，只需要选择合适的天气即可，高空的流云在风的作用下，会与山产生时聚时散的效果，拍摄时多采用仰视的角度。

■如果以蓝天为背景，可以使用偏振镜，将蓝天拍得更蓝一些。

■如果拍摄的是乌云压顶的效果，则应该注意做负向曝光补偿，以使乌云获得准确的曝光。

■如果拍摄的是山间云海的效果，应该注意选择较高的拍摄位置，以至少平视的角度进行拍摄，在选择光线时应该采用逆光或侧逆光拍摄，同时注意对画面做正向曝光补偿。

▼下面 4 张照片使用了不同的拍摄手法来表现雾气缭绕的山峰，虽表现手法各不相同，但均属于同一题材，即利用云雾为画面营造气氛，表现出神秘、缥缈的画面意境

用前景衬托环境的季节之美

在不同的季节里，山峦会呈现出不一样的景色。春天的山峦在鲜花的簇拥之中显得美丽多姿；夏天的山峦被层层树木和小花覆盖，显示出了大自然强大的生命力；秋天的红叶使山峦显得浪漫、奔放；冬天山上大片的积雪又让人感到寒冷和宁静。可以说四季之中，山峦各有不同的美感。

因此，在拍摄山峦时要有意识地在画面中安排前景，配以其他景物（如动物、树木）等作为陪衬，不但可以借用四季的特色美景，使画面更具有立体感和层次感，而且可以营造出不同的画面气氛，增强作品的表现力。

例如，可以根据拍摄时的季节不同，将树木、花卉、动物、绿地、雪地等景物安排成为前景。

▲ 拍摄草原风光时，在前景纳入花海，不仅美化了画面，也由此传达出了清晰的时间概念（焦距：16mm　光圈：F16　快门速度：1/50s　感光度：ISO200）

▼ 前景处黄绿交接的树木，表示拍摄季节是秋天，衬托着远处的高山更显荒凉（焦距：28mm　光圈：F7.1　快门速度：1/500s　感光度：ISO200）

树木摄影实战攻略

仰视拍出不一样的树冠

由于广角镜头具有拉伸景物的线条，使景物呈现透视变形的特点，因此拍出的景物透视感很强。采用广角镜头仰视拍摄树冠，会因为拍摄角度和广角镜头的变形作用，而使画面中的树木显得格外高大、挺拔。由于采用这种角度拍摄时，画面的背景为蓝天，因此画面显得很纯净，如果所拍摄的树叶为黄色或红色，那么画面中的蓝色、红色或黄色会形成强烈的颜色对比，使画面的色彩显得更鲜艳。

▲ 采用广角镜头仰视拍摄白桦林，蔚蓝的天空与橘红色的树叶形成了强烈的色彩对比，笔直的树干直冲天际，给人强烈的突破感（焦距：18mm 光圈：F14 快门速度：1/500s 感光度：ISO100）

捕捉林间光线使画面更具神圣感

如果树林中的光线较暗，当阳光穿透林中的树叶时，由于被树叶及树枝遮挡，会形成一束束透射林间的光线。拍摄这类题材的最佳时间是早晨及近黄昏时分，此时太阳斜射向树林中，能够获得最好的画面效果。

在实际拍摄时，拍摄者可以迎着光线逆光拍摄，也可以采用侧光进行拍摄。在曝光控制方面，可以以林间光线的亮度为准拍摄暗调照片，以衬托林间的光线；也可以在此基础上降低1挡曝光补偿，以获得亮一些的画面效果。

高手点拨

通过使用广角镜头和较小光圈的方法，可让画面纳入更多的景物，并形成明显的透视效果，从而使画面中光芒四射的效果更为明显。

▲ 成束的光线穿透树叶，在林间形成放射状光线，犹如从天空照射下来的耶稣圣光，使画面有种神秘的感觉（焦距：50mm 光圈：F4 快门速度：1/160s 感光度：ISO200）

表现线条优美的树枝

把照片拍成剪影效果可以淡化被摄主体的细节特征，从而强化其形状和外轮廓。

树木通常有精简的主枝干和繁复的树枝，摄影师可以根据树木的这一特点，选择一片色彩绚丽的天空作为背景，将前景处的树木处理成剪影形式。

画面中树木枝干密集处会表现为星罗棋布、大小枝干相互穿梭的效果，且枝干有如绘制的精美花纹图案一般浮华炫灿，于稀疏处呈现出俊朗秀美的外形。

▼ 摄影师采用逆光仰拍傍晚的胡杨林，胡杨在紫色天空背景下以剪影的形式呈现，粗壮有力的树干和遒劲繁复的树枝将胡杨强大的生命力表现得淋漓尽致（焦距：70mm　光圈：F11　快门速度：1/50s　感光度：ISO250）

溪流与瀑布摄影实战攻略

用中灰镜拍摄如丝的溪流与瀑布

拍摄溪流与瀑布时，如果使用较慢的快门速度，可以拍出如丝般质感的溪流与瀑布。为了防止曝光过度，可使用较小的光圈，如果仍然曝光过度，应考虑在镜头前加装中灰镜，这样拍摄出来的溪流与瀑布是雪白的，像丝绸一般。

由于使用的快门速度较慢，在拍摄时保持相机的稳定至关重要，所以三脚架是必不可少的装备。

若想拍出如丝的溪流与瀑布，应注意如下几点：

■因为需要较长时间曝光，所以需要使用三脚架来固定相机，并确认相机稳定且处于水平状态，同时还可以配合使用快门线和反光镜预升功能，避免因震动而导致画面不实。

■为避免衍射影响画面的锐度，最好不要使用镜头的最小光圈。

■由于快门速度影响水流的效果，所以拍摄时最好使用快门优先模式，这样便于控制拍摄效果。拍摄瀑布时使用1/3s~4s左右的快门速度，拍摄溪流时使用3s~10s左右的快门速度，都可以柔化水流。

▼利用中灰镜以较慢的快门速度拍摄溪流，得到丝绸般光滑洁白的流水，给人一种幽静深远的意境美（焦距：18mm　光圈：F22　快门速度：1s　感光度：ISO100）

拍摄精致的溪流局部小景

在摄影中,大场景固然有大场景的气势,而小画面也有小画面的精致。拍摄溪流时,使用广角镜头表现其宏观场景固然是很好的选择,但如果受拍摄条件的限制或光线不好,也不妨用中长焦镜头,沿着溪流寻找一些小的景致,如浮萍飘摇的水面、遍布青苔的鹅卵石、落叶缤纷的岸边,也能够拍摄出别有一番风味的作品。

▶ 水雾状的流水,几片安静的红叶,这一别致的小景展示出了秋季的美丽(焦距:50mm 光圈:F6.3 快门速度:5s 感光度:ISO100)

通过对比突出瀑布的气势

在没有对比的情况下,很难通过画面直观地判断出一个景物的体量。

因此,在拍摄瀑布时,如果希望体现出瀑布宏大的气势,就应该在画面中加入容易判断其体量的构图元素,从而通过大小对比来表现瀑布的气势,最常见的元素就是瀑布周边的旅游者或游船等。

▲ 摄影师采用封闭式构图拍摄飞流直下的瀑布,并在前景处加入游人,通过大小对比将瀑布宏大的气势衬托了出来,而瀑布前彩虹的出现,更为画面营造了氛围,成为画面的点睛之笔(焦距:24mm 光圈:F9 快门速度:1/500s 感光度:ISO100)

河流与湖泊摄影实战攻略

逆光拍摄出有粼粼波光的水面

无论拍摄的是湖面还是河面，在有微风的情况下逆光拍摄，都能够拍出闪烁着粼粼波光的水面。如果拍摄的时间接近中午，由于此时的光线较强，色温较高，则粼粼波光的颜色会偏白色。如果是在清晨、黄昏时拍摄，由于此时的光线较弱，色温较低，则粼粼波光的颜色会偏金黄色。

为了能拍出这样的美景，应注意如下两点：

■ 要使用小光圈，从而使粼粼波光在画面中呈现为小小的星芒。

■ 如果波光的面积较小，要做负向曝光补偿，因为此时大部分场景为暗色调；如果波光的面积较大，是画面的主体，要做正向曝光补偿，以弥补过强的反光对曝光的影响。

▲ 傍晚，夕阳的余晖在湖面形成波光粼粼的光带，与天空绚丽的色彩交相辉映，增强了画面的均衡感，湖面中的渔船打破了画面的单一感，是画面的点睛之笔（焦距：85mm 光圈：F11 快门速度：1/2000s 感光度：ISO400）

选择合适的陪体使湖泊更有活力

拍摄湖泊时，为了避免画面显得过于单调，可纳入一些岸边的景物来丰富画面内容，树林、薄雾、岸边的丛丛绿草等都是经常采用的景物。

但如果希望画面更有活力，还需要在画面中安排具有活力的被摄对象，如飞鸟、小舟、游人等都可以为画面增添活力，在构图时要注意这样的对象在画面中起到的是画龙点睛的作用，因此不必占据太大的面积。

此外，这些对象在画面中的位置也很关键，最好将其安排在黄金分割点上。

▲ 具有地域特点的小舟打破了青山绿水的宁静，画面看起来很有意境（焦距：66mm 光圈：F11 快门速度：1/40s 感光度：ISO100）

采用对称构图拍摄有倒影的湖泊

拍摄水面时，要体现场景的静谧感，应该采用对称构图的形式将水边的树木、花卉、建筑、岩石、山峰等的倒影纳入画面，这种构图形式不仅使画面极具稳定感，而且也丰富了画面构图元素。拍摄此类题材最好选择风和日丽的天气，时间最好选择在凌晨或傍晚，以获得更丰富的光影效果。

平静的水面有助于表现倒影，如果拍摄时有风，则会吹皱水面而扰乱水面的倒影，但如果水波不是很大，可以尝试使用中灰渐变镜进行阻光，从而将曝光时间延长到几秒钟，以便将波光粼粼水面中的倒影清晰地表现出来。

层叠起伏的山峰，浓密葱郁的树林，隐在林中若隐若现的房屋，都在湖面形成清晰的倒影，这种对称构图形式增强了画面的协调性，给人一种稳定、均衡之感（焦距：16mm 光圈：F5.6 快门速度：1/800s 感光度：ISO125）

用曲线构图拍摄蜿蜒的河流

在自然界中很少看到笔直的河道，无论是河流还是溪流，总是弯弯曲曲地向前流淌着。因此，要拍摄河流或者海边的小支流，S形曲线构图是最佳选择。S形曲线本身就具有蜿蜒流动的视觉感，能够引导观者的视线随S形曲线蜿蜒移动。S形构图还能使画面的线条富于变化，呈现出舒展的视觉效果。

拍摄时摄影师应该站在较高的位置，采用长焦镜头俯视拍摄，从河流经过的位置寻找能够在画面中形成S形的局部，这个局部的S形有可能是河道形成的，也有可能是成堆的鹅卵石、礁石形成的，从而使画面产生流动感。

▲ 在较高的位置以俯视角度进行拍摄，并运用曲线构图，利用河流的走向将观者的视线引向山间深处，增加了画面的纵深感与神秘感，使观者产生一种心之向往的感觉（焦距：24mm 光圈：F8 快门速度：1/10s 感光度：ISO200）

海洋摄影实战攻略

利用慢速快门拍出雾化海面

在采用长时间曝光拍摄的海面风光作品中，运动的水流会被虚化成柔美、细腻的线条，如果曝光时间再长一些，海水的线条感就会被削弱，最终在画面中呈现为雾化效果。

拍摄时应根据这一规律，事先在脑海中构想出需要营造的画面效果，然后观察其运动规律，通过对曝光时间的控制，进行多次尝试，就可得到最佳的画面效果。

如果通过长时间曝光将运动的海面虚化成为柔美的一片，与近景处堆积着的巨大石块之间形成虚实、动静的对比，会使整个画面愈发显得美不胜收；如果能够在画面中增加穿透厚厚云层的夕阳余晖，则可以使画面变得更漂亮。

▲ 使用慢速快门拍摄海面，使海水呈现出雾状效果，整个画面显得柔滑、细腻，在海边粗糙石块的衬托下，画面有种刚柔并济之美（焦距：24mm　光圈：F16　快门速度：1s　感光度：ISO50）

利用高速快门凝固飞溅的浪花

巨浪翻滚拍打岩石这样惊心动魄的画面，总能给观者的心灵带来从未有过的震撼。要想完美地表现出海浪波涛汹涌的气势，在拍摄时要注意对快门速度的控制。高速快门能够抓拍到海浪翻滚的精彩瞬间，而适当地降低快门速度进行拍摄，则能够使溅起的浪花形成完美的虚影，画面极富动感。如果采用逆光或侧逆光拍摄，浪花的水珠就能够折射出漂亮的光线，使浪花看上去剔透晶莹。

摄影师利用高速快门记录下了浪花撞击岩石四散开来的瞬间，洁白的水珠被定格在空中，凸显了浪花的气势，给人一种强烈的视觉冲击力（焦距：40mm　光圈：F8　快门速度：1/640s　感光度：ISO100）

利用不同的色调拍摄海面

自然界中的光线千变万化，不同的光线、不同的时段可以产生不同的色调，以不同的色调拍出的海面效果也不同。

例如暖色调的海面给人温暖、舒适的感觉，画面呈现出一派祥和的气氛；而冷色调的海面则给人以恬静、清爽的感觉，最能表现出宁静、悠远的意境。

▲ 日落时分色温较低，画面整体呈现为暖暖的金黄色，给人一种温馨舒适的感觉（焦距：18mm 光圈：F11 快门速度：1/50s 感光度：ISO100）

通过陪体对比突出大海的气势

所谓"山不厌高，海不厌深"，大海因它不择细流，不拘小河，才能成其深广。面对浩瀚无际的大海，要想将其宽广、博大的一面展现在观者面前，如果没有合适的陪体来衬托，很难将其有容乃大的性格充分表现出来。所以在拍摄宽广的海面时，要时刻注意寻找合适的陪体来点缀画面，通过大小、体积的对比来反衬大海的辽阔、浩瀚。

对比物的选择范围很广，只要是能够为观者理解、辨识、认识的物体均可，如游人、小艇、建筑等。

▲ 小小的船只将大海衬托得更加辽阔，这种对比表现手法的运用大大增强了画面的趣味性（焦距：21mm 光圈：F16 快门速度：1/200s 感光度：ISO100）

冰雪摄影实战攻略

选择合适的光线让白雪晶莹剔透

顺光观看白雪时会感觉很刺目，这是因为反光极强的积雪表面将大量的光线反射到人眼中，积雪表面看上去犹如镜面一般。因此，可以想象采用顺光拍摄白雪时，必然会因为光线减弱了白雪表面的层次和质感，而无法很好地将白雪晶莹剔透的质感表现出来。所以，顺光并不是拍摄雪景的理想光线，只有采用逆光、侧逆光或侧光拍摄，且太阳的角度又不太大时，冰晶由于背光而无法反射出强烈的光线，因此积雪表面才不至于特别耀眼，雪地的晶莹感、立体感才能被很好地表现出来。

因此，在拍摄雪景时，如果要突出表现其晶莹剔透的质感，可选择逆光、侧逆光拍摄，并选择较深的背景来衬托。逆光拍摄时应选择点测光模式，同时适当增加0.3~1.7挡的曝光补偿，以便得到晶莹剔透的冰雪效果。

▲拍摄雪景时，增加1挡曝光补偿可将白雪透明的质感很好地表现出来（焦距：50mm 光圈：F10 快门速度：1/13s 感光度：ISO100）

选择合适的白平衡为白雪染色

在拍摄雪景时，摄影师可以结合实际环境的光源色温进行拍摄，以得到洁净的纯白影调、清冷的蓝色影调或金黄的冷暖对比影调。或者通过设置不同的白平衡模式来获得独具创意的影调效果，以服务于画面主题。

例如，使用阴天或阴影白平衡模式有助于使场景的色调更偏向暖色，使白雪染上一层红色或黄色；而如果希望让白雪看上去更冷，可以使用荧光灯、白炽灯白平衡模式，使白雪染上一层蓝色。

▲ 使用阴天白平衡拍摄雪景，可以得到偏暖的色调，营造出一种温馨浪漫的氛围（焦距：200mm 光圈：F7.1 快门速度：1/50s 感光度：ISO100）

雾景摄影实战攻略

雾气不仅能够增强画面的透视感，还赋予了画面朦胧的气氛，使照片具有别样的诗情画意。一般来说，由于浓雾的能见度较差，透视性不好，不适宜拍摄，拍摄雾景时通常应选择薄雾。另外，雾霭的成因是水汽，因此应该在冬、春、夏季交替之时寻找合适的拍摄场景。拍摄雾气的场所往往具有较大的湿度，因此需要特别注意保护相机及镜头，防止器材受潮。

调整曝光补偿使雾气更洁净

由于雾气是由微小的水滴组成的，其对光线有很强的反射作用，如果直接使用相机测光系统给出的数据进行拍摄，则雾气中的景物将呈现为中灰色调，因此需要使用曝光补偿功能进行曝光校正。

根据白加黑减的曝光补偿原则，通常应该增加1/3~1挡曝光补偿。

在进行曝光补偿时，要考虑所拍摄场景中雾气的面积这个因素，雾气面积越大则意味着场景越亮，就越应该增加曝光补偿；如果雾气面积很小的话，可以不进行曝光补偿。

如果对于曝光补偿的增加程度把握不好，建议以"宁可欠曝也不可过曝"为原则进行拍摄。

▼ 增加1挡曝光补偿后拍摄雾景，使雾气更加洁白，草场更加清绿，前景中的旗子在雾气中若隐若现，画面简洁却不空泛，有一种缥缈的灵动感（焦距：38mm 光圈：F7.1 快门速度：1/250s 感光度：ISO100）

选择合适的光线拍摄雾景

顺光拍摄薄雾中的景物时，强烈的散射光会使空气的透视效应减弱，景物的影调对比和层次感都不强，色调也显得平淡，画面缺乏视觉趣味。

拍摄雾景最合适的光线是逆光或侧逆光，在这两种光线的照射下，薄雾中除了散射光外，还有部分直射光，雾中的物体虽然呈剪影效果，但这种剪影是经过雾层中散射光柔化的，已由深浓变得浅淡、由生硬变得柔和了。

随着景物在画面中的远近不同，将呈现近大远小的透视效果，同时色调也呈现出近实远虚、近深远浅的变化，从而在画面中形成浓淡互衬、虚实相生的效果，因此最好选择逆光或者侧光拍摄雾中的景物，这样整个画面才会显得生机盎然、韵味横生，富有表现力和艺术感染力。

在拍摄雾景时，可根据拍摄环境的不同来选择相应的测光模式。

■如果光线均匀、明亮，可以选择多重测光模式。

■如果拍摄场景中的雾气较少、暗调景物多，或希望拍出逆光剪影效果，应该选择点测光模式，并对着画面的明亮处测光，以避免雾气部分过曝而失去细节。

▼ 此图片为采用侧逆光拍摄的雾景，画面中的景物都是若隐若现的，仿佛仙境一般（焦距：17mm　光圈：F10　快门速度：1/200s　感光度：ISO100）

蓝天白云摄影实战攻略

拍摄出漂亮的蓝天白云

虽然许多摄影师认为蓝天白云这类照片很俗，但实际上即使面对这样的场景，如果没有掌握正确的拍摄方法，也不可能拍出想要的效果。

最常见的情况是，在所拍出的照片中，地面上的景物是清晰的，颜色也是纯正的，但蓝天却泛白，甚至像一张白纸。

要拍出漂亮的蓝天白云照片，首要条件是必须选择晴朗的天气进行拍摄，在没有明显污染地方的拍摄，效果会更好，因此在乡村、草原等地区能够拍出更美的天空。另外，拍摄时最好选择顺光。

在拍摄蓝天白云时，还要注意以下两个技术要点：

■ 为了拍摄出更蓝的天空，拍摄时要使用偏振镜。将它安装在镜头前，并旋转到某个角度即可消除空气中的偏振光，提高天空中蓝色的饱和度，从而使画面中景物的色彩更加浓郁。

■ 一般应做半挡左右的负向曝光补偿，因为只有在稍曝光不足时，才能拍出更蓝的天空。

▼ 利用偏振镜拍摄天空，可以过滤空气中的散射光，使画面中的蓝天更蓝、白云更白，给人一种通透、自然的闲适感觉（焦距：24mm　光圈：F8　快门速度：1/250s　感光度：ISO200）

拍摄天空中的流云

很少有人会长时间地盯着天空中飞过的流云，因此也就很少有人注意到头顶上的云彩来自何方，去往哪里，但如果摄影师将镜头对着天空中飘浮不定的云彩，则一切又会变得与众不同。使用低速快门拍摄时，云彩会在画面中留下长长的轨迹，画面呈现出很强的动感。

要拍出这种流云飞逝的效果，需要将相机固定在三脚架上，采用 B 门进行长时间曝光，在拍摄时为了避免曝光过度而导致云彩失去层次，应该将感光度设置为 ISO100，如果仍然曝光过度，可以考虑在镜头前面加装中灰镜，以减少镜头的进光量。

▼ 使用中灰镜长时间曝光拍摄，将云彩流动的轨迹记录了下来，在拍摄时，刻意将前景的树木安排在画面中间的位置，流动的白云似乎从树后呼啸而来，这种颇具科幻感的画面效果让人震撼（焦距：16mm 光圈：F11 快门速度：113s 感光度：ISO200）

日出、日落摄影实战攻略

用长焦镜头拍摄出大太阳

如果希望在照片中呈现出体积较大的太阳，要尽可能使用长焦镜头。通常在标准的画面中，太阳的直径只是焦距的 1/100。因此，如果用 50mm 标准镜头拍摄，则太阳的直径为 0.5mm；如果使用长焦镜头的 200mm 焦距拍摄，则太阳的直径为 2mm；如果使用长焦镜头的 400mm 焦距拍摄，太阳的直径就能够达到 4mm。

▲ 拍摄日落时，要想获得较大的太阳，需要使用长焦镜头，小景深画面的色彩也更加饱和（焦距：200mm 光圈：F16 快门速度：1/200s 感光度：ISO200）

选择正确的测光位置及曝光参数

在拍摄日出、日落时，如果在画面中包含地面的场景，则会由于天空与地面的明暗反差较大，使曝光有一定的难度。如果希望拍摄剪影效果，即让地面景物在画面中表现为较暗色调甚至是黑色剪影，测光时可将测光点定位在太阳周围较明亮的天空处。

如果拍摄的是日落景色，且太阳还未靠近地平线，由于此时整个拍摄环境光照较好，为了使地面景物在成像后有一定的细节，应对准太阳周围云彩的中灰部测光，以兼顾天空与地面的亮度。另外，如果天空中的薄云遮盖住了太阳，人直视太阳不感觉刺目，可以对太阳直接测光、拍摄，以突出表现太阳，因此拍摄时应灵活选择测光位置。

➤ 拍摄时对准水面较亮的区域进行测光，然后再减少 1/3 挡曝光补偿，使波光粼粼的水面具有丰富的细节和色彩，同时将前景处的飞禽呈现为剪影效果，增加了画面的生动气息（焦距：200mm 光圈：F14 快门速度：1/320s 感光度：ISO100）

用云彩衬托太阳使画面更辉煌

在 表现夕阳的辉煌时，需用天空的云彩来衬托，当天空中布满形状各异的云彩后，在太阳的照射下，整个天空看上去绚丽、奇幻。为了避免天空的云彩与地面景物明暗差距过大而影响画面层次，可在镜头前安装中灰渐变镜来压暗天空，以减少云彩的细节损失。拍摄时还可使用广角镜头多纳入天空中的云彩，从而得到具有强烈透视效果的画面，使其看起来更有气势。

▲ 太阳的余晖将漫天的云彩浸染成绚丽的橘红色，烘托了夕阳西下的氛围（焦距：24mm　光圈：F10　快门速度：1/160s　感光度：ISO200）

拍摄透射云层的光线

如果太阳的周围云彩较多，则当阳光穿透云层的缝隙时，透射出云层的光线表现为一缕缕的光束，如果希望拍摄出这种透射云层的光线效果，应尽量选择小光圈，并通过做负向曝光补偿提高画面的饱和度，使画面中的光芒更加夺目。

▶ 从云层后面照射出来的光线如利剑一般穿透天空，画面的力量感十足（焦距：55mm　光圈：F5.6　快门速度：1/800s　感光度：ISO100）

焦距：35mm　光圈：F16　快门速度：1/30s
感光度：ISO400

Chapter 15

SONY α7RⅢ建筑与夜景
摄影高手实战攻略

建筑摄影实战攻略

在建筑中寻找标新立异的角度

拍惯了大场景建筑的整体气势及小细节的质感、层次感，不妨尝试拍摄一些与众不同的画面效果，不管是历史悠久的，还是现代风靡的，不同的建筑都有其不同寻常的一面。

例如，利用现代建筑中用于装饰的玻璃、钢材等反光装饰物，在环境中的有趣景象被映射其中时，通过特写的景别进行拍摄，或者在夜晚采用聚焦放射的拍摄手法拍摄闪烁的霓虹灯。

总之，只要有一双善于发现美的眼睛及敏锐的观察力，就可以捕捉到不同寻常的画面。

在实际拍摄过程中，可以充分发挥想象力，不拘泥于小节，自由地创新，使原本普通的建筑在照片中呈现出独具一格的画面效果，形成独特的拍摄风格。

▼ 摄影师通过建筑的反光来表现建筑群高耸的气势，视角很新奇，画面给人耳目一新的感觉（焦距：35mm 光圈：F11 快门速度：1/500s 感光度：ISO100）

利用建筑结构韵律形成画面的形式美感

韵律原本是音乐中的词汇，但实际上在各种成功的艺术作品中，都能够找到韵律的痕迹，韵律的表现形式随着载体形式的变化而变化，但均可给人以节奏感、跳跃感及生动感。

建筑摄影创作也是如此，建筑被称为凝固的音符，这本身就意味着在建筑中隐藏着流动的韵律。这种韵律可能是由建筑线条形成的，也可能是由建筑自身的几何结构形成的。因此，如果仔细观察，就能够从建筑物中找到点状的美感、线条的美感和几何结构的美感。

在拍摄建筑时，如果能抓住建筑结构所展现出的韵律美感进行拍摄，就能拍摄出非常优秀的作品。另外，拍摄时要不断地调整视角，将观察点放在那些大多数人习以为常的地方，通过运用建筑的语言为画面塑造韵律，也能够拍摄出优秀的照片。

▲ 俯视拍摄建筑内部旋转的楼梯，楼底绿色的地板在高调画面中显得尤为醒目，增强了画面的立体感，旋转的楼梯结构动感十足，画面有很强的韵律美感（焦距：20mm 光圈：F5.6 快门速度：1/100s 感光度：ISO200）

逆光拍摄将建筑轮廓呈现为剪影

虽然不是所有建筑物都能利用逆光进行拍摄，但对于那些具有完美线条、外形独特的建筑物来说，逆光是最完美的造型光线。

拍摄时应该对着天空或地面上较明亮的区域测光，从而使建筑物由于曝光不足而呈现为黑色剪影效果。

对于那些无法表现全貌的建筑，可以通过变换景别、拍摄角度来寻找其中线条感、结构感较强的局部，如古代建筑的挑檐、廊柱等，将其呈现为剪影效果进行刻画。

▲ 逆光表现建筑时，对准太阳附近的中灰部测光，得到天空层次细腻、建筑呈剪影形式的画面，很有形式美感（焦距：185mm 光圈：F5.6 快门速度：1/1250s 感光度：ISO200）

城市夜景摄影实战攻略

拍摄夜景的光圈设置

在拍摄夜景时，为了获得最大的景深效果，摄影师可以根据自己与当前景物的距离来选择合适的光圈。

如果前后的景深跨度不大，可以使用较大的光圈进行拍摄；反之则需要使用小光圈，如常见的 F8、F11 或 F16 等，以确保整个场景中所有的图像都是清晰的。出于对画质的考虑，不建议使用最小光圈，如 F22、F32 等。

▲ 摄影师站在一个制高点，利用小光圈俯视拍摄城市夜景，获得较大的景深，将城市的全貌呈现了出来（焦距：45mm 光圈：F16 快门速度：20s 感光度：ISO200）

拍摄夜景的ISO设置

值得一提的是，在拍摄夜景时，只要能使用三脚架或能保证相机稳定，就不建议通过提高 ISO 感光度数值的方法来提高快门速度，这样很容易因产生噪点而毁掉作品。

因此，为了得到画质令人满意的作品，应该慎重使用高感光度，较常用的感光度数值是 ISO100 和 ISO200。虽然 SONY α7RⅢ是全画幅数码微单相机，但所使用的感光度也不要超过 ISO800，否则拍摄出来的照片就会出现较明显的噪点。

▲ 为了保证画面质量而采用了 ISO100 的感光度，利用三脚架进行长时间的曝光，得到了灯光点缀的大桥夜景（焦距：24mm 光圈：F10 快门速度：8s 感光度：ISO100）

拍摄夜景时的测光技巧

在拍摄城市夜景时，为了获得更精确的测光数据，可以选择中心测光或点测光模式，然后选择比画面中最亮位置略弱一些的区域进行测光，以保证高光区域能够得到正常曝光。如果画面整体偏暗、高光点不多，也可以视情况选择光线更弱的区域进行测光，通过曝光补偿进行曝光校正。

▲ 在拍摄港湾夜景时，为了获得亮度均衡、清晰的画面效果，选择亮度稍次于较亮位置的区域进行测光，获得亮处、暗处都准确曝光的效果，图中的红色方框为测光点的位置（焦距：85mm　光圈：F6.3　快门速度：1/3s　感光度：ISO400）

拍摄夜景时的对焦技巧

在实际拍摄时，由于夜景中的光线较暗，因此可能会出现对焦困难的情况，此时可以选择较亮的位置进行测光，然后再重新构图。

如果这样做会影响测光的话，可以利用曝光补偿进行校正。另外，如果拍摄场景距离摄影师比较远，可以直接切换至手动对焦模式，然后对焦至无限远的位置。

试拍之后，要注意查看是否存在景深不够大而导致变虚的问题，如果存在这种问题，可以通过缩小光圈来增大景深。通常情况下，F11 光圈已经可以满足大部分拍摄场景的需求了。

采用手动对焦模式拍摄得到的夜景画面（焦距：50mm　光圈：F4　快门速度：1s　感光度：ISO100）

拍摄夜景时的快门速度设置

拍摄夜景时，快门速度是最重要的拍摄参数，如果快门速度过高，则拍摄出来的照片会由于曝光不足而呈现为一片漆黑；如果快门速度过低，则可能导致夜景中的灯光部分全部过曝。由于不同夜景环境光线的强弱差别很大，因此拍摄夜景时没有快门速度的推荐值，摄影师需要通过试拍不断调整快门速度。

这一点在夜晚拍摄车流时表现得尤其明显，右侧4张照片是分别使用不同快门速度拍摄的车流画面，可以看出，快门速度越高则画面越黑，车灯光轨越呈现为点状；反之，快门速度越慢则画面越明亮，车灯光轨在画面中越呈现为线状。

▲ 快门速度：1/20s

▲ 快门速度：1/5s

▲ 快门速度：4s

▲ 快门速度：6s

▼ 在拍摄时经过长时间曝光，夜晚的车灯在画面中成为流畅的线条，很好地表现了城市的活力与动感（焦距：24mm 光圈：F8 快门速度：10s 感光度：ISO100）

拍摄繁华绚丽的城市灯光

白天和夜晚的光线条件差距相当大，一些白天看起来单一的场景，夜幕降临后会给人与众不同的感觉。现代建筑由于普遍采用了先进的照明设备而呈现出五彩斑斓的灯光效果，使其成为夜景摄影中的一大亮点。

如果在拍摄时使用的光圈比较小，而所拍摄的场景中又有比较明显的点状光源，则能够使这些光源在画面中辐射出漂亮的星芒。

▲ 采用小光圈并配合低速快门拍摄城市游乐园中的灯饰，星星点点的灯光犹如漫天闪烁的繁星，将画面点缀得更加漂亮（焦距：35mm　光圈：F9　快门速度：1/40s　感光度：ISO200）

拍摄呈深蓝色调的夜景

为了捕捉到典型的夜景气氛，不一定要等到天空完全黑下来才去拍摄，因为相机对夜色的辨识能力比不上我们的眼睛。太阳已经落山，夜幕正在降临，路灯也已经开始点亮，此时就是拍摄夜景的最佳时机。城市的建筑物在路灯等其他人造光源的照射下，显得非常漂亮。而此时有意识地让画面曝光不足，能拍摄出非常漂亮的呈深蓝色调的夜景。

不过，要拍出呈深蓝色调的夜空，最好能选择一个雨过天晴的夜晚，这样的夜晚天空的能见度好、透明度高，在天将黑未黑的时候，天空中会出现醉人的蓝调色彩，此时拍摄能获得非常理想的画面效果。在拍摄蓝调夜景之前，应提前到达拍摄地点，做好一切准备工作后，慢慢等待最佳拍摄时机的到来。

▲ 蓝色的夜幕与黄色的灯光形成了鲜明的色彩对比，使观者的目光在第一时间被这座大桥所吸引（焦距：17mm　光圈：F9　快门速度：8s　感光度：ISO200）

利用水面拍出极具对称感的夜景建筑

在 上海隔着黄浦江能够拍摄到漂亮的外滩夜景；而在香港则可以在香江对面拍摄到点缀着璀璨灯火的维多利亚港，实际上类似这样临水而建的城市在国内还有不少。在拍摄这样的城市时，利用水面拍摄极具对称感的夜景建筑是一个不错的选择。夜幕下城市建筑群的璀璨灯光，会在水面折射出五颜六色的、长长的倒影，不禁让人感叹城市的繁华、时尚。

要拍出这样的效果，需要选择一个没有风的时候拍摄，否则在水面被吹皱的情况下，倒影的效果不会理想。

此外，要把握曝光时间，其长短对于最终的结果影响很大。如果曝光时间较短，水面的倒影中能够依稀看到水流痕迹；而较长的曝光时间能够将水面拍成如镜面一般平整。

▼ 水边的建筑物及周边景物在水面上形成了倒影，实物与倒影相映成趣，融为一体，使画面变得丰富多彩起来（焦距：24mm 光圈：F7.1 快门速度：10s 感光度：ISO200）

焦距：85mm 光圈：F2.8 快门速度：
1/500s 感光度：ISO200

Chapter 16

SONY α7RⅢ人像摄影

高手实战攻略

拍摄肖像眼神最重要

眼睛是心灵的窗户，一个人的素养及内涵能够通过眼睛流露出来。因此，在肖像摄影中，眼睛是一个非常重要的表现元素，通过表现眼睛，能够展现出被摄者的情绪和内心世界。

这就要求摄影师必须具有敏感的观察力，在拍摄时能够集中注意力去留意人物的表情，尤其是眼神的变化，力争捕捉到被摄者独特的神态。

通常，当被摄者的眼睛直视镜头时，更容易与摄影师进行沟通。但这也不是一成不变的，摄影师应根据拍摄现场的情况随机应变。例如，当被摄者的目光偏离镜头时，有可能还沉浸在自己的情绪之中，这时就会表现出与平时不同的神态。而摄影师则应在一旁静静地观察，并把握时机迅速按下快门。

▼ 在下面展示的 16 张照片中，没有展现任何环境、服装等方面的信息，但我们完全能够从人物的眼神中体会到其或欢乐、或惊恐、或木然、或忧郁的情绪

抓住人物情绪的变化

人 的情绪往往会通过肢体语言表现出来，
因此我们能够从一个人的身上感受到其
悲伤、幸福、绝望、喜悦、平静等情绪。而好的摄
影师往往能够抓住被摄人物情绪的变化，使拍摄出
来的作品更具表现力。

从技术的角度来看，在拍摄人像时，只有当被
摄对象在你面前毫无顾忌的时候，其情绪才会真实
地流露出来，因此摄影师要具有营造有利于模特真
情流露的氛围，或者保持某种氛围不被破坏的能力。

另外，在拍摄时还应注意选择拍摄角度及光线，
合适的角度及光线是决定一幅作品成败的关键。例
如，仰视拍摄的人像让人心生崇敬之感，俯视拍摄
的人像有时会给人一种蔑视感；阴暗的光线给人忧
郁的感觉，而明亮的光线则给人清新的感觉。

▼ 摄影师依靠敏锐的观察力，将人物微笑的表情定格在照片中，
画面充满了喜悦与幸福感（焦距：55mm　光圈：F2　快门速度：
1/640s　感光度：ISO100）

重视面部特写的技法

面部特写是人像摄影中比较常用的拍摄方式之一，但大多数人是平凡普通的，乍看之下感觉很平凡，不过只要细心观察就会发现，每个人都有自己的独特之处，这就需要摄影师细心留意并选择恰当的拍摄角度进行表现。

例如，对于嘴很诱人、性感的人，可以采用低角度让嘴唇在画面中显得更加突出，并让脸部的其他地方看起来也很清晰；如果某个人的眼睛很漂亮，则可以选择一个高视点让被摄者抬眼看相机，以便在画面中表现其有神的目光，此时必须为眼睛补充眼神光。

当拍摄特写时，人物脸上的毛孔、斑点和任何瑕疵都能被表现出来，即使是看上去很漂亮的人，在这显微镜般的查看下，也会把瑕疵完全暴露出来。所以在拍摄前有必要让被摄者化妆，这样才能将特写照片拍得更具美感。当然，也可以在拍摄后使用Photoshop等后期处理软件对照片中的瑕疵进行美化。

▶ 模特优美的脸部侧面线条将五感衬托得十分精致，一双有神的眼睛成为画面的视觉焦点，给人以温婉、柔美之感（焦距：50mm 光圈：F3.5 快门速度：1/160s 感光度：ISO200）

如何拍出素雅高调人像

高调人像是指画面的影调以亮调为主，暗调部分所占比例非常小，一般来说，白色要占整个画面的 70% 以上。高调照片能给人淡雅、洁静、优美、明快、清秀等感觉，常用于表现儿童、少女、医生等。相对而言，年轻貌美、皮肤白皙、气质高雅的女性更适合采用高调照片来表现。

在拍摄高调人像时，模特应该穿白色或其他浅色的服装，背景也应该选择相匹配的浅色。

在构图时要注意在画面中安排少量与高调颜色对比强烈的颜色，如黑色或红色，否则画面会显得苍白、无力。

在光线选择方面，通常多采用顺光拍摄，整体曝光要以人物脸部亮度为准，也可以在正常曝光值的基础上增加 0.5 ～ 1 挡曝光补偿，以强调高调效果。

▲ 在增加 1 挡曝光补偿后，人物的皮肤显得更加白皙、细腻、纯净，高调的画面将人物衬托得更加清新（焦距：55mm　光圈：F2.8　快门速度：1/200s　感光度：ISO100）

如何拍出有个性的低调人像

与高调人像相反，低调人像的影调构成以较暗的颜色为主，基本由黑色及部分中间调颜色组成，亮部所占的比例较小。

在拍摄时要注意在画面中安排少量明亮的浅色，否则照片会显得过于灰暗、晦涩。如果在室内拍摄低调人像，可以通过人为控制灯光使其仅照射在模特的身体及其周围较小的区域，使画面的亮处与暗处形成较大的光比。

如果在室外或其他光线不可控制的环境中拍摄低调人像，可以考虑采用逆光拍摄，拍摄时应该对背景的高光位置进行测光，将模特拍摄成为剪影或半剪影效果。

如果采用侧光或顺光拍摄，通常是以黑色或深色作为背景，然后对模特身体上的高光区域进行测光，该区域将以中等亮度或者更暗的影调表现出来，而原来的中间调或阴影部分则再现为暗调。

◀ 画面的整体色调均为深色，营造出低调个性的感觉，拍摄时利用窗外的光线给人物补光，使其在背景中凸显出来（焦距：55mm 光圈：F3.2 快门速度：1/200s 感光度：ISO100）

恰当安排陪体美化人像场景

对普通人及部分初入行的模特来说，摆姿时手的摆放都是一个较难解决的问题，手足无措是她们此时最真实的写照。如果能让模特手里拿一些道具，如一本书、一簇鲜花、一把吉他、一个玩具、一个足球或一把雨伞等，都可以帮助她们更好地表现拍摄主题，且能够更自然地摆出各种造型。

另外，道具有时也可以成为画面中人物情感表达的通道和构成画面情节的纽带，让人物的表现与画面主题更紧密地结合在一起，从而使作品更具有感染力。

▲ 礼盒、气球、玩具等作为画面的陪体，同时也是画面环境，为画面增添了色彩，使用斜线构图使画面更生动，突出了少女甜美可爱的气质（焦距：35mm 光圈：F2 快门速度：1/125s 感光度：ISO200）

采用俯视角度拍出小脸美女效果

俯视拍摄有利于表现被摄人物所处的空间层次，在拍摄正面半身人像时，能起到突出头顶、扩大额部、缩小下巴、掩盖头颈长度等作用，从而获得较理想的脸部清瘦的效果。

这种视角很适合表现女孩的面部，采用这种视角拍摄时，由于透视的原因，可以使女孩的眼睛看起来更大，下巴变小，突出被摄者的妩媚感，这也是为什么当前有许多自拍者，都采用手持相机或手机从头顶斜向下自拍面部的原因。

▶ 由于俯视拍摄改变了透视关系，模特的脸显得更瘦小，甜美的笑容在画面中很引人注目（焦距：55mm 光圈：F3.5 快门速度：1/250s 感光度：ISO200）

用S形构图拍出婀娜身形

在现代人像拍摄中，尤其是人体摄影中，S形构图越来越多地用来表现人物身体某一部位的线条感，但要注意的是，S形构图中弯曲的线条朝哪一个方向及弯曲的力度都是有讲究的。弯曲的力度越大，所表现出来的力量也就越大，所以，在人像摄影中，用来表现身体曲线的S形线条的弯曲程度不应该太大，否则会由于模特过于用力而影响到身体其他部位的表现效果。

女性模特无论采用站姿、坐姿还是躺姿，都能够使身体的线条呈S形，但不同姿势的S形给人的感受不同。例如，躺姿或趴姿形成的S形，给人的感觉是性感；而站姿或倚姿形成的S形，仅仅能够让人感觉到模特玲珑的身材，当然也与模特的表情与着装有关。

➤ S形构图使模特显得更加性感妩媚，将女性优美的气质展现得淋漓尽致（焦距：100mm 光圈：F5.6 快门速度：1/400s 感光度：ISO400）

用遮挡法掩盖脸型的缺陷

有时被摄者的脸型也许不尽如人意，在拍摄时可通过调整拍摄角度或是利用发型、道具等进行局部遮掩的方法，来获得比较美观的画面效果。

但要注意的是，在遮掩脸型的时候，要着重表现被摄者的眼神，使观者的注意力随之转移，将画面的兴趣点转移到人物的眼睛上。

◀ 模特用围巾遮住面部，从而达到让脸型看起来更加娇小的目的（焦距：50mm 光圈：F2 快门速度：1/800s 感光度：ISO200）

儿童摄影实战攻略

以顺其自然为原则

对儿童摄影而言，可以拍摄他们在欢笑、玩耍甚至是哭泣的自然瞬间，而不是指挥他们笑一个，或将手放在什么位置。除了专业模特外，这样的要求对绝大部分成年人来说都会感到紧张，更何况那些纯真的孩子们。

即使您真的需要让他们笑一笑或做出一个特别的姿势，那也应该采取间接引导的方式，让孩子们发自内心、自然地去做，这样拍出的照片才是最真实、最具有震撼力的。

▶ 拍摄时应尽量去抓拍孩子尽情玩乐的瞬间，而不是指使他们做什么，耐心地等待一定会得到精彩的画面（焦距：140mm　光圈：F4　快门速度：1/1000s　感光度：ISO100）

拍摄儿童自然、丰富的表情

无论是欢笑、喜悦、幻想、活跃、好奇、爱慕，还是沮丧、思虑、困倦、顽皮、失望，孩子们的表情都具有非常强的感染力，因此在拍摄时，不妨多捕捉一些有趣的表情，为孩子们留下更多的回忆。

摄影师在拍摄时应该用手按着快门，眼睛全神贯注地观察儿童的表情，一旦儿童的表情、状态较佳时就迅速按下快门，并采用连拍方式提高拍摄的成功率。

▲ 摄影师通过观察，记录下了孩子闭着眼微笑的可爱瞬间，这样的画面使观者看了也忍俊不禁（焦距：55mm　光圈：F2.8　快门速度：1/320s　感光度：ISO100）

如何拍出儿童的柔嫩皮肤

适当增加曝光补偿

在拍摄儿童照片时，在正常测光数值的基础上适当增加 1/3 ~ 1 挡曝光补偿，以适当提亮整个画面，从而使儿童的皮肤看上去更加粉嫩、白皙。

▶ 在室外拍摄宝宝时，可稍微增加曝光补偿来提亮画面，使宝宝的皮肤看起来更加白皙（焦距：35mm　光圈：F7.1　快门速度：1/250s　感光度：ISO200）

利用散射光拍摄

散射光通常是指室外阴天中的光线或者没有太阳直射的光线。在这样的光线环境中拍摄儿童，不会出现光比较大的情况，且无浓重的阴影，整体影调柔和，儿童的皮肤看起来也更加细腻、白皙。

▼ 在散射光线下拍摄儿童，其面部没有出现明显的阴影，皮肤看起来也更加细腻、白皙。这样的光线还可以使画面的色彩饱和度更高，因此非常适合拍摄儿童（焦距：200mm　光圈：F4.5　快门速度：1/160s　感光度：ISO200）

利用玩具吸引儿童的注意力

在儿童摄影中，陪体通常指的就是玩具，无论是男孩子手中的玩具枪、水枪，还是女孩子手中的皮筋、跳绳，都能够在画面中与儿童构成一定的情节，并使孩子更专心于玩耍，而忘记镜头的存在，此时摄影师就能够比较容易地拍摄到儿童专注的表情。

因此，许多专业的儿童摄影工作室，都备有大量的儿童玩具，其目的也仅在于吸引孩子的注意力，使其处于更自然、活泼的状态。

▲ 孩子天生就是"小吃货"，任何东西都要用嘴巴尝一尝，在其忘情"品尝"时按下快门，即可捕捉到孩子最真实的一面（焦距：200mm 光圈：F4 快门速度：1/640s 感光度：ISO400）

通过抓拍捕捉最生动的瞬间

要表现儿童自然、生动的神态，最好在儿童玩耍的时候抓拍，这样可以拍摄到最自然、生动的画面，同时照片也具有一定的纪念意义。如果拍摄者是儿童的父母，可以一边参与儿童的游戏，一边寻找合适的时机，以足够的耐心眼疾手快地定格精彩瞬间。

拍摄时应该选择快门优先照相模式，并根据拍摄时环境的光照情况，将快门速度设置为可以得到正常曝光效果的最高快门速度，必要时可以适当提高 ISO 感光度数值，这样才能够将孩子生动的瞬间清晰地捕捉下来。

为了不放过任何一个精彩的瞬间，在拍摄时应该将拍摄模式设置为连拍模式。

▲ 利用连拍模式拍摄到了小男孩在海边玩耍的精彩瞬间（焦距：200mm 光圈：F5 快门速度：1/500s 感光度：ISO320）

拍摄儿童天真、纯洁的眼神

孩子们的眼神总是很纯真的,在拍摄儿童时应该将其作为表现的重点。在拍摄时应注意寻找眼神光,具有眼神光的眼睛看上去更有活力。如果光源较强,在合适的角度就能够看到并拍到眼神光;如果光源较弱,可以使用反光板或柔光箱对眼睛进行补光,从而形成明亮的眼神光。

▲ 眼神光使孩子的大眼睛看起来格外明亮,画面艳丽的色彩衬托出了孩子白皙的皮肤(焦距:85mm 光圈:F2 快门速度:1/500s 感光度:ISO200)

拍摄儿童娇小、可爱的身形

拍摄儿童除表现其丰富的表情外,其多样的肢体语言也是很好的拍摄题材,包括其有意识的指手画脚,也包括其无意识的肢体动作等。

摄影师还可以在儿童睡觉时对其娇小的肢体进行造型,在凸显其可爱身形的同时,还可以组织出具有小品样式的画面,以增强趣味性。

▲ 拍摄婴儿时,可以把他们柔软的小身体放在各种可爱的场景中,摆弄出不同的造型,表现出其娇小的身形和可爱的神态

焦距：85mm 光圈：F2 快门速度：1/320s 感光度：ISO100

Chapter **17**

SONY α7RⅢ生态自然摄影

高手实战攻略

花卉摄影实战攻略

运用逆光表现花朵的透明感

很多花卉处于逆光下会显得非常漂亮，因为在逆光下花瓣会呈半透明状，花卉的纹理也能被细腻地表现出来，画面显得纯粹而透明，给人以很柔美的视觉感受。

◀ 逆光下的花卉呈半透明状，并在叶片的边缘出现光晕效果，配合虚化的背景营造出一种朦胧、神秘的氛围（焦距：85mm　光圈：F1.8　快门速度：1/1000s　感光度：ISO100）

通过水滴拍出娇艳的花朵

通常在湿润春季的清晨，花草上都会存留一些晨露。很多摄影师喜欢在早晨拍摄这些带有晨露的花朵，这时的花朵也会由于晨露的滋润而显得格外饱满、艳丽。

要拍摄有露珠的花朵，最好用微距镜头以特写的景别进行拍摄，分布在叶面、叶尖、花瓣上的露珠不但会给予其雨露的滋润，还能够在画面中形成奇妙的光影效果，景深范围内的露珠清晰明亮、晶莹剔透，而景深外的露珠则形成一些圆形或六角形的光斑，装饰美化着背景，给画面平添几分情趣。

如果没有拍摄露珠的条件，也可以用小喷壶对着花朵喷几下，从而使花朵上沾满水珠。要注意的是，洒水量不能太多，向花卉上喷洒一点点水雾即可。

▲ 大小不一、晶莹剔透的水珠散落在花瓣上，将花卉衬托得更加饱满、娇艳，画面看起来也更富有生机（焦距：90mm　光圈：F5.6　快门速度：1/125s　感光度：ISO200）

以天空为背景拍摄花朵

如果拍摄花朵时其背景显得很杂乱，而手中又没有反光板或类似的物件，可以采用仰视拍摄的方法，以天空为背景，这样拍摄出来的画面不仅简洁、干净，而且看起来比较明亮，天空中纯净的蓝色与花卉鲜艳的色彩形成对比与呼应，使画面看起来整体感很强。

如果要拍摄的花朵位置比较低，则摄影师可能需要趴在地面上进行仰视拍摄。也可以采取将相机放低并盲拍的方法来碰碰运气，有时也能够拍摄出令人意想不到的好照片。

▶ 白色的花朵在蓝天的衬托下，显得尤为纯净、素雅（焦距：35mm 光圈：F4 快门速度：1/500s 感光度：ISO200）

以深色或浅色背景拍摄花朵

要拍好花朵，控制背景是非常关键的技术之一，通常可以通过深色或浅色背景来衬托花朵的颜色，此外还可以用大光圈、长焦距来虚化背景。

对于浅色花朵而言，深色背景可以很好地表现花卉的形体。要想获得黑色背景，只要在花卉的背后放一块黑色的背景布就可以了。如果手中的反光板就有黑面，也可以直接将其放在花卉的后面。在放置背景时，要注意背景布或反光板与花朵之间的距离，只有距离合适，获得的纯色背景才会比较自然。在拍摄时，为了让花卉获得准确曝光，应适当做负向曝光补偿。

▲ 在深色背景的衬托下，粉红色的荷花显得更加娇艳动人，画面简洁、明了（焦距：100mm 光圈：F4 快门速度：1/1000s 感光度：ISO200）

同样，对于那些颜色比较深的花朵而言，应该使用浅色的背景来衬托，其方法同样可以利用手中浅色或白色的反光板，以及纸片、布纹等物件，由于背景的颜色较浅，因此拍摄时要适当地做正向曝光补偿。

拍摄睡莲的技巧

睡莲拍摄初级阶段——实

这里的"实"指写实的表现手法，也是摄影的基本功。写实不仅要求把主体拍清晰，还要符合人们通常的审美标准，如构图均衡、曝光合适等。除了需要长期拍摄积累经验外，还要对摄影知识和拍摄对象都有所了解。拍摄前应清楚地知道，用什么样的角度能够拍摄出最具有写实效果的花朵。

▲ 摄影师以写实的表现手法采用俯视角度进行拍摄，刻意将大面积的莲叶纳入画面，用绿叶来衬托莲花，使莲花更显娇艳（焦距：200mm　光圈：F8　快门速度：1/640s　感光度：ISO200）

睡莲拍摄进阶——虚

适当求"虚"可以使画面以虚实结合的方式来变换表现形式，打破一味求"实"的直白和平淡。

利用大光圈虚化背景，可以有效地突出主体。虚化背景是摄影相对于绘画、雕塑等独有的技法，但也要避免背景的过度虚化，应适当地控制景深，让背景既能衬托主体，又不至于干扰观众的视线。

▶ 使用大光圈虚化前景与背景，水面上的莲花与倒影形成对称构图，虚的莲花倒影将画面点缀得更加丰富（焦距：200mm　光圈：F5.6　快门速度：1/320s　感光度：ISO100）

以虚写实——拍摄花卉的高级技法

拍摄花卉的高级阶段是指摄影师应脱离对花卉本身的刻画，转而寻求意境的创造和情感的表现，即所谓的"借物抒情"。这需要摄影师充分发挥摄影自身的优势，比如对被摄体细节的细腻刻画、对背景的虚化、对短暂瞬间的捕捉能力等，同时还需要摄影师具备良好的艺术修养。

水面往往会给照片带来灵气和独特的光影效果，充分利用水面可以传神地表现出花卉的神韵。一般表现水面的最佳时间是早晨和傍晚。另外，巧借水面上的其他景物可以为画面增添灵气，如在画面中摄入蜻蜓，可以营造出"小荷才露尖尖角，早有蜻蜓立上头"的意境。

▼ 此图片拍摄的是莲花在水中的倒影，新奇的拍摄角度及虚与实的对比增加了画面的艺术美感（焦距：200mm 光圈：F5 快门速度：1/640s 感光度：ISO100）

昆虫摄影实战攻略

手动精确对焦拍摄昆虫

对于拍摄昆虫而言，必须将焦点设在非常细微的地方，如昆虫的复眼、触角、粘到身上的露珠及花粉等位置，但要使对焦达到如此精细的程度，相机的自动对焦功能往往很难胜任。因此，通常应使用手动对焦功能进行准确对焦，从而获得质量更高的画面。

如果所拍摄的昆虫属于警觉性较低的类型，应该使用三脚架以帮助对焦，否则只能通过手持的方式进行对焦，以应对昆虫可能随时飞起、逃离等突发情况。

▲ 此图片为采用手动对焦模式拍摄的花朵上的瓢虫，由于瓢虫的警觉性很差，所以使用三脚架进行辅助拍摄，从而获得了理想的画面效果（焦距：90mm　光圈：F6.3　快门速度：1/250s　感光度：ISO200）

▼ 使用微距镜头配合手动对焦进行拍摄，将跳蛛的大眼睛清晰地表现出来，叶片则因景深较浅而变得模糊，利用虚实对比的手法可使跳蛛显得更加突出（焦距：50mm　光圈：F4　快门速度：1/1000s　感光度：ISO200）

清晰拍摄昆虫的眼睛使照片更传神

在拍摄昆虫时，要尽量将昆虫头部和眼睛的细节特征表现出来。这一点实际上与拍摄人像一样，如果被摄主体的眼睛对焦不实或没有眼神光，照片就显得没有神采。因为观者在观看此类照片时，往往会将视线落在照片主体的眼睛位置，因此传神的眼睛会令照片更生动，并吸引观者的目光。

要清晰地拍出昆虫的眼睛并非易事，首先，摄影师必须快速判断出昆虫眼睛的位置，以便于抓住时机快速对焦；其次，昆虫的眼睛大多不是简单的平面结构，而是呈球形，因此在微距画面的景深已经非常小的情况下，将立体结构的昆虫眼睛完整地表现清楚并非易事。要解决这两个问题，前者依靠学习与其相关的生物学知识，后者依靠积累经验，找到最合适的景深与焦点位置。

▲ 以蜻蜓眼部复杂的结构作为画面的表现主题，作品具有强烈的视觉震撼力，给观者带来新奇、独特的视觉感受（焦距：50mm　光圈：F6.3　快门速度：1/320s　感光度：ISO200）

▼ 要拍好类似于跳蛛这样有大眼睛的昆虫，必须要确保其眼睛在照片中看上去闪闪发亮，因此要善用光线，使昆虫的眼睛在画面中有漂亮的眼神光（焦距：30mm　光圈：F4.5　快门速度：1/200s　感光度：ISO100）

正确选择焦平面

焦平面是许多摄影爱好者容易忽视的问题，但却对于能否拍出主体清晰、景深合适的昆虫照片是至关重要的。由于微距摄影的拍摄距离很近，因此景深范围很小。例如，在 1：1 的放大倍率下，22mm 焦距所对应的景深大约只有 2mm；在 1：2 的放大倍率下，22mm 焦距所对应的景深也只有 6mm。因此，在拍摄时如果不能正确地选择焦平面的位置，将所要表现的昆虫细节放在一个焦平面内，并使这个平面与相机的背面保持平行，那么要表现的细节就会在景深之外而成为模糊的背景。

最典型的例子是拍摄蝴蝶，如果拍摄时蝴蝶的翅膀是并拢的，那么就应该调整机背使之与翅面平行，让镜头垂直于翅膀，这样准确对焦后，才能将蝴蝶清晰地呈现出来。

由于拍摄不同昆虫所要表现的重点不一样，因此在选择焦平面时也没有一定之规，但最重要的原则就是要确保将希望表现的内容尽量放在一个平面内。

▼ 为了将蝴蝶漂亮的翅膀呈现出来，摄影师选择侧面的角度对其进行拍摄，并使相机的成像平面与蝴蝶的翅膀平行（焦距：90mm 光圈：F5 快门速度：1/160s 感光度：ISO200）

宠物摄影实战攻略

使用高速连拍提高拍摄宠物的成功率

宠 物一般不会像人一样有意识地配合摄影师的拍摄活动，其可爱、有趣的表情随时都可能出现。

一旦发现这些可爱的宠物做出不同寻常或是非常有趣的表情和动作，要抓紧时间拍摄，建议使用连拍模式避免遗漏精彩的瞬间。

▲ 使用连拍模式抓拍到了狗狗翻冰箱门的有趣场景（焦距：35mm　光圈：F4　快门速度：1/200s　感光度：ISO400）

用小物件吸引宠物的注意力

在拍摄宠物时，经常使用小道具来调动宠物的情绪，既可丰富画面构成，又能够增加画面的情趣。

把某些看起来很可爱的道具放在宠物的头部、身上，或者是让宠物钻进一个篮子里等，都会使拍出的照片更加生动、有趣。

家里常用的物件都可以成为很好的道具，如毛线团、毛绒玩具，甚至是一卷手纸都能够在拍摄中派上大用场。

▲ 利用一枝花勾起猫咪的好奇心，在它全神贯注琢磨眼前的新鲜玩意儿时，摄影师按下了快门（焦距：45mm　光圈：F5.6　快门速度：1/320s　感光度：ISO100）

光线摄影